AF314765

DE LA FÉCONDATION

DANS LES

CRYPTOGAMES

PAR

LÉON VAILLANT

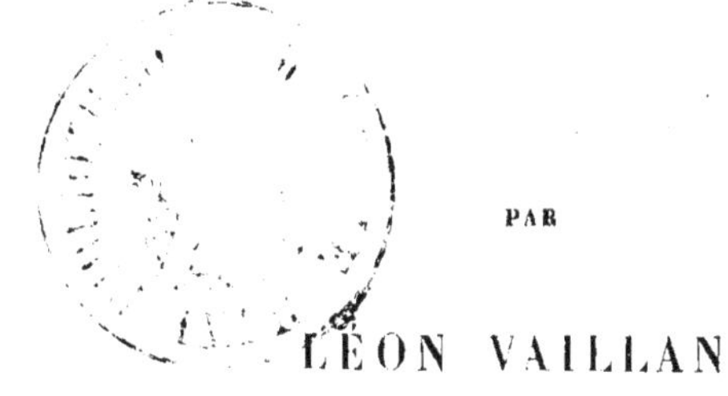

D. M. P.
Licencié ès sciences naturelles,
Membre de la Société de Biologie, de la Société philomatique, de la Société
géologique de France, de la Société d'Anthropologie,
Membre correspondant de l'Académie d'Arras.

PARIS

F. SAVY, LIBRAIRE-ÉDITEUR

21, RUE HAUTEFEUILLE

1863

A MM.

E. MUSSAT, BOCQUILLON, Alph. MILNE-EDWARDS

Paul BERT

Paris. — A. PARENT, imprimeur de la Faculté de médecine, rue Monsieur le-Prince, 31.

DE LA FÉCONDATION

DANS

LES CRYPTOGAMES

INTRODUCTION

Parmi les points importants de l'histoire naturelle que les recherches des savants modernes ont particulièrement fait progresser, la reproduction sexuelle des cryptogames peut être citée, à juste titre.

Bien que Linné, l'auteur de la nomenclature moderne, eût, en quelque sorte, pressenti ces découvertes, comme le prouve assez le nom qu'il imposa à ces végétaux, cependant quelques-uns de ses successeurs ne crurent pas devoir adopter cette idée et allèrent même jusqu'à regarder ces êtres comme complétement agames. A la fin du siècle dernier et au commencement de celui-ci, le jour

1

commença cependant à se faire sur ce point, et les travaux de Vaucher, de Lamouroux, de Palisot de Beauvois, etc., s'ils ne jugèrent pas complétement la question, au moins portèrent les esprits dans une voie meilleure. Mais c'est surtout dans les travaux des auteurs contemporains que l'on doit rechercher les documents les plus précieux. Nous aurons l'occasion, dans le cours de ce travail, d'indiquer les patients observateurs qui ont le plus contribué à élucider ces questions, aussi ne croyons-nous pas devoir ici nous appesantir sur leur énumération.

La marche que nous allons suivre sera plutôt analytique que synthétique, nous y sommes contraint et par la nature même du sujet, et par la nature des travaux qui s'y rapportent. D'une part les cryptogames forment un certain nombre de classes assez distinctes pour qu'on ait cru pouvoir admettre entre elles une différence presque égale à celle qui sépare la grande division des végétaux phanérogames en dicotylédones et monocotylédones, on comprend donc *a priori* qu'on doive les examiner les unes après les autres. D'autre part, ces questions sont encore assez peu avancées pour que chaque travail ne puisse guère être considéré que comme une monographie d'une ou quelques espèces examinées par l'auteur, aussi aucune vue d'ensemble ne paraît-elle, jusqu'ici, avoir été tentée.

Nous examinerons donc, au point de vue de la fécondation, chacun des groupes isolément en nous basant sur la division la plus généralement adoptée, qui partage les cryptogames en dix ordres :

1° Algues,
2° Lichens,
3° Champignons,
4° Hépatiques,
5° Mousses,
6° Characées,
7° Fougères,
8° Équisétacées,
9° Lycopodiacées,
10° Rhinocarpées.

Dans chacune d'elles nous aurons un ou plusieurs types à étudier, sauf pour quelques-unes où nos connaissances sont encore fort bornées. Ce n'est qu'après ces études préparatoires que nous pourrons tenter d'établir, non pas une généralisation, mais plutôt une comparaison entre ce que peuvent avoir de commun les phénomènes.

Nous serons souvent obligé de décrire avec les organes de la génération sexuelle les parties qui concourent à la génération asexuée, laquelle existe dans tous ces végétaux, ces questions étant parfois difficilement séparables dans l'état actuel de la science.

Avant d'aborder notre sujet, faisons remarquer que les termes employés dans une des divisions pour désigner certains organes ne devront être regardés que comme s'appliquant à celle-ci, c'est un fait important à noter dans l'étude des végétaux inférieurs. Les cryptogamistes ont souvent non-seulement formé les mots avec une prodigalité des plus exagérées, mais, soit par suite d'interprétations fautives que la science n'a pas confirmées, soit par une incurie fâcheuse, un même nom, pris dans une classe, a été transporté dans la classe voisine avec un sens tout différent, et s'appliquant dans chacune d'elles à des organes non assimilables. Une simple révision de cette nomenclature serait sans doute fort utile, mais on ne saurait songer à l'entreprendre dans un travail de la nature de celui-ci, nous nous bornerons donc à prendre les termes usités par les auteurs en cherchant toutefois, autant que possible, à choisir ceux qui nous paraîtront propres à éviter le mieux la confusion.

CHAPITRE PREMIER.

ALGUES.

Ces végétaux ambigus, puisque pour quelques-uns d'entre eux les savants ne sont pas encore fixés sur la place qu'ils doivent occuper dans l'un ou l'autre des règnes organiques, ont de tout temps attiré l'attention des naturalistes, tant par leurs formes souvent bizarres que par l'éclat des couleurs dont la plupart sont ornés. Toutefois, en ce qui concerne le point spécial dont nous avons à nous occuper, c'est dans les travaux de ces vingt dernières années à peu près qu'il faut puiser tous les renseignements précis sur la question de la fécondation. Au reste, ce fait résulte nécessairement de l'imperfection des moyens d'investigation que les savants ont pu avoir pendant longtemps à leur disposition.

Les travaux de Vaucher (1803), de Lamouroux (1805), de Léon Leclerc (1817), sont surtout descriptifs, bien que donnant quelques renseignements sur le mode de végétation des algues tant marines que d'eau douce. En 1824, M. Gaillon publia quelques recherches et observa fort bien les mouvements des spores mobiles (zoospores), mais les idées bizarres de ce savant ne sont guère propres à élucider la question ; il voulut voir dans les conferves une réunion de ces spores soudées bout à bout. Au reste, cette idée ne fut guère adoptée et défendue que par M. Desmazières (*voy*. Lettre sur l'animalité de quelques hydrophytes et des mycodermes en particulier ; 1828). Vers la même époque, M. Unger, par des observations directes, fit bien connaître la germination des zoospores qu'il regardait, suivant une opinion généralement admise à cette époque, comme des êtres passant alternativement de l'animalité à l'état de végétation.

Tous ces travaux tendaient à faire présumer que dans les algues le système unique de reproduction était dû à ces spores se formant évidemment sans le concours des sexes, et assimilables plutôt aux bourgeons et aux bulbilles des végétaux supérieurs qu'aux graines. Ces idées sont celles qui paraissent dominer dans les premiers écrits de MM. Agarth, Montagne, Decaisne. Cependant on savait déjà que pour les *Zygnema* existait un véritable accouplement, et les travaux de M. Morren, sur les closterriées (1836), alors flottant entre le règne animal et le règne végétal, avaient montré la présence probable des deux sexes chez les végétaux inférieurs. Mais, à partir des travaux de M. Decaisne sur la classification des algues et des corallines (1842), des travaux faits en collaboration avec M. Thuret (1845) sur les arthéridies et les spores des fucus, du mémoire de MM. Derbès et Solier sur les organes reproducteurs des algues (1850), la complication organique qu'on reconnut alors dans ces êtres indiquait déjà clairement chez eux l'existence des sexes. La confirmation expérimentale de la fécondation fut donnée par M. Thuret en 1853, et depuis les travaux de ce savant, ceux de MM. Pringsheim, Cohn, de Bary, Petrowski, etc., sont venus corroborer cette donnée première et la rendre l'un des faits les mieux acquis à la science.

Pour exposer les observations apportées par ces savants nous prendrons l'ordre naturel et non l'ordre historique, en suivant la division généralement admise qui partage les Algues en Zoosporées, Fucacées et Floridées, en faisant remarquer toutefois que cette classification doit être regardée comme fort imparfaite, car, même en adoptant les idées qui ont dirigé dans son établissement, il est difficile souvent de savoir à quel groupe rapporter une plante donnée ; mais, si l'on fait intervenir les idées acquises dans ces derniers temps, elle devient complétement insuffisante.

Parmi les Zoosporées, le développement des Conferves, qui constituent un des types les mieux définis, a été fort bien étudié en particulier dans le *Sphæroplea annulina* (Agarth), sur lequel M. Cohn (1855) a donné des détails très-circonstanciés. Cette Algue se trouve dans les eaux douces où elle forme d'ordinaire des amas de filaments verts entremêlés les uns avec les autres, comme on l'observe fréquemment dans les végétaux analogues de nos ruisseaux. Dans certains cas, la surface prend une couleur rouge vif due à la présence des spores fécondées dont nous aurons à parler tout à l'heure. Si l'on examine à un grossissement convenable la structure de ces filaments, on voit qu'ils se composent d'une série d'utricules allongés placés bout à bout, ou, si on le préfère, que le tube est subdivisé de distance en distance par des cloisons qui le partagent en loges où vont se passer les phénomènes que nous allons passer en revue. La matière verte qui se voit dans ces loges ne les remplit jamais uniformément, mais de grandes vacuoles transparentes et allongées la séparent en espèce de diaphragmes qui subdivisent la cellule, et contiennent eux-mêmes des vacuoles plus petites avec des grains de chlorophylle. Suivant que dans cette cellule doivent se produire des éléments mâles ou *anthérozoïdes,* ou qu'il devra s'y former des éléments femelles ou *spores*, suivant, en un mot, que la loge deviendra une *anthéridie* ou un *sporange,* le développement présente des modifications importantes.

La manière dont se forment les anthérozoïdes est fort exactement connue. Suivant M. Cohn, on voit les diaphragmes verts, séparés par les grandes vacuoles transparentes, changer d'aspect, la matière verte et les grains de chlorophylle disparaissent, et le tissu prend une teinte rougeâtre orangée toute différente, les petites vacuoles qui se trouvaient dans les diaphragmes subsistent sans subir aucune modification. Un peu plus tard, on voit la matière orangée se partager en linéaments, en granules, et, finalement, se résoudre en une multitude de corps claviformes, jaunâtres à leur partie renflée, transparents à leur partie amincie qui a reçu le nom de *rostre*, et portant sur cette dernière deux filaments vibratiles au moyen desquels le petit être peut se mouvoir d'abord dans l'anthéridie qui le contient, et plus tard à l'extérieur ou dans le sporange. Ces corpuscules mesurent environ $0^{mm},008$ en longueur. Nous devons faire remarquer que le mode de fractionnement de la matière qui les produit, laquelle paraîtrait se partager primitivement dans toute son étendue, mérite de fixer l'attention.

Si la cellule doit produire un sporange, les phénomènes sont tout différents. On voit d'abord les vacuoles se subdiviser et la matière verte ne forme plus des diaphragmes, mais se trouve répandue tout autour des vacuoles dont le diamètre, réduit par le fractionnement, n'est plus assez considérable pour occuper tout le calibre de l'article. Les grains de chlorophylle subsistent également et se rassemblent en plusieurs masses écartées les unes des autres et disposées en série suivant l'axe du végétal. La matière verte se rassemble autour de ces masses comme autour de centres de développement, d'abord en amas irrégulièrement étoilés, plus tard il s'y adjoint une matière transparente, et la forme générale devient ovoïde ; le volume ne paraît avoir rien de bien fixe à cette époque. Enfin ces masses deviennent égales entre elles, se rassemblent en sphères parfaitement régulières ; la matière verte, d'abord disséminée sans ordre, se multiplie et occupe toute la substance, sauf sur un point où existe une sorte de calotte transparente qui n'est peut-être pas sans importance. Ces sphères molles et élastiques, dépourvues de membrane propre, constituent les spores, alors non fécondées et par suite improductives, auxquelles M. Cohn a donné le nom de *spores primordiales,* nom qui peut leur être conservé. La grosseur moyenne de ces spores est de $0^{mm},017$ à $0^{mm},022$.

La formation des anthérides et des sporanges paraît pouvoir se produire indifféremment dans une cellule quelconque prise isolément. Il s'ensuit qu'en considérant la suite des cellules qui composent un filament comme un individu, idée généralement admise, le *sphæroplea annulina* doit être regardé comme monoïque.

Pendant que le contenu des articles a subi ces profondes modifications, la paroi propre du végétal s'est altérée d'une manière peu sensible en apparence, mais d'une façon très-importante quant aux résultats physiologiques. On voit certains points de cette paroi se perforer par une sorte de résorption ; les ouvertures produites par ce phénomène, irrégulièrement placées et dont le nombre pour chaque cellule varie de deux à six, ont un diamètre moyen de $0^{mm},004$ à $0^{mm},007$ et deviennent particulièrement visibles lorsqu'on a coloré la paroi par l'action de l'iode et de l'acide sulfurique. Ces ouvertures, qui se produisent aussi bien sur les an- théridies que sur les sporanges, sont destinées à favoriser l'acte de la fécondation en permettant à l'anthérozoïde de venir se joindre à la spore pri- mordiale. En effet, peu de temps après qu'elles se sont produites, on voit les anthérozoïdes qui s'agi- taient faiblement dans la cellule sortir de celle-ci ; s'ils en trouvent l'ouverture obstruée, on peut les observer pendant des heures entières cherchant à vaincre l'obstacle. C'est par l'extrémité du rostre que commence le dégagement de l'anthérozoïde qui au reste, chez toutes les algues, se meut toujours de cette façon, c'est-à-dire l'extrémité ciliée en avant; une fois libre, ses mouvements prennent une agilité plus grande, et il cherche à se diriger vers les ou- vertures des sporanges, il les traverse comme il a traversé celles de la cellule productrice et peut alors se mettre en contact avec la spore primor- diale. C'est toujours par le rostre que l'anthérozoïde touche la spore primordiale, et c'est toujours aussi dans le point spécial de celle-ci dépourvu de matière verte que nous avons signalé plus haut. Plusieurs anthérozoïdes peuvent se fixer à la fois sur une même spore primordiale. Peu après le con- tact du rostre, le corpuscule s'applique par sa face latérale et perd sa forme en se liquéfiant en quelque sorte, si bien qu'il paraît se fondre dans la spore, toutefois certains corpuscules rougeâtres qu'il contient restent visibles à la surface et paraissent rester étrangers à la fécondation.

Une fois fécondée la spore primordiale, qui doit alors prendre le nom de *spore* proprement dite, subit des modifications que nous devons brièvement signaler. Le premier phénomène consiste dans l'apparition d'une membrane externe, bien visible, à laquelle ne tarde pas de s'en adjoindre une seconde qui présente des prolongements externes irréguliers, et enfin une troisième qui reste simple ; la première est rejetée. Le contenu change de couleur et devient rouge vif, ce que nous avons déjà signalé plus haut, en parlant de l'aspect de la plante en général. C'est vers cette époque qu'a lieu la dissémination par simple désagrégation de la membrane du sporange. La spore devenue libre ne donne pas naissance directement au végétal, mais, par un fait habituel chez les Algues dans le produit fécondé, elle fournit des *Zoospores*. On voit en effet son contenu se segmenter d'une façon régulière en 2, 4, 8, etc., parties, qui chacune donnent naissance à un corpuscule à couleurs vives, de forme un peu variable, pourvu de 2 cils flabelliformes, et qui se meut dans le liquide à la manière des Anthérozoïdes dont nous avons parlé plus haut. Au bout d'un temps plus ou moins long suivant la saison, la zoospore, qui a perdu ses cils, germe en donnant naissance à deux prolongements opposés qui la métamorphosent en un tube dont le cloisonnement successif reproduira la plante mère.

Tel est le cycle complet que parcourt le *Sphœro-plea annulina* dans sa reproduction. Il est possible qu'en outre, comme chez beaucoup de végétaux voisins, la plante soit susceptible de produire directement des zoospores, mais nous n'avons pu trouver de renseignements à ce sujet.

Dans les *Hydrotictyon,* genre où M. Pringsheim a étudié avec grand soin la reproduction par zoospores (1860), aucun phénomène relatif à la fécondation n'a été signalé jusqu'ici. Remarquons toutefois que les organes reproducteurs mobiles sont de deux sortes distinctes et par leurs dimensions qui les avaient fait désigner sous le nom de *macrogonidies* et *microgonidies* par Alex. Braun et par leur mode de développement ultérieur. Les premiers sont des zoospores à développement prompt et direct ; les seconds au contraire, outre la longueur du temps qui peut séparer l'instant de leur émission de celui de leur développement, d'où le nom de zoospores permanents ou *chronizoospores* (Pringsheim) qui leur a été imposé, ne reproduisent pas directement le végétal, mais produisent dans leur intérieur de véritables zoospores. Or ces deux caractères, développement à longue portée, production endogène de bourgeons mobiles, caractérisent généralement les spores dues au concours des sexes. On pourrait donc présumer que chez l'*Hydrodictyon utriculatum* qui a servi aux recherches de M. Pringsheim existent des organes sexuels ; mais, en l'absence de faits positifs, les considérations sur lesquelles nous nous appuyons ne peuvent conduire qu'à une simple hypothèse.

Chez les *Nostoc*, que leur abondance a fréquemment fait examiner par les cryptogamistes, la génération sexuée est encore inconnue, et les recherches de M. Thuret (1844) n'ont rien fait connaître sous ce rapport. Il en est tout autrement chez les *Spirogyra*, les *Vaucheria*, les *Closterium;* ce sont même ces végétaux qui, on peut le dire, ont donné l'éveil sur la reproduction sexuelle des algues, et le caractère le plus frappant de cet acte, l'accouplement de ces êtres, avait paru assez important à M. Decaisne, à une certaine époque, pour qu'il crût devoir faire, dans les Algues, une division spéciale pour ces végétaux sous le nom d'*Algæ synsporeæ*. Depuis la découverte de la sexualité des conferves ce caractère a perdu de sa valeur, et cette classe ne mérite pas d'être conservée.

Nous ne nous appesantirons pas sur les phénomènes de la fécondation chez les *Zygnema* et les *Spirogyra*. Chez les premiers, deux filaments comparables en tout à ceux des conferves étant placés l'un à côté de l'autre, deux cellules qui se correspondent à une même hauteur s'envoient mutuellement un prolongement, les extrémités se soudent, le diaphragme qui sépare les cavités disparaît, et le contenu de l'une passant dans l'autre, il y a formation d'une spore résultant du mélange des deux matières. La spore se développe dans l'une des cellules conjuguées sans qu'on sache bien précisément s'il y a option pour l'une ou l'autre, ou si le développement peut se faire indifféremment dans chacune d'elles, hypothèse qui paraîtrait la plus conforme aux faits, et mérite de fixer l'attention au point de vue de la sexualité en général. Dans d'autres plantes du même genre il paraît ne pas y avoir conjugaison, suivant M. Thwaites, et le mélange des substances aurait lieu entre deux cellules consécutives d'un même filament par résorption de la cloison qui les sépare.

Chez le *Mougeotia genuflexa,* appartenant à un genre très-voisin du précédent, M. Itzigsohn (1856) a observé un phénomène un peu différent. Après la conjugaison des deux filaments voisins, chacune des deux cellules forme, au point où la réunion s'est opérée, une petite éminence que l'auteur appelle *verrue nuptiale.* L'endochrome s'y ramasse et se divise en deux corps verts, l'un globuleux, l'autre étoilé, bientôt pâlissant, et que l'auteur nomme *astérosphérie,* l'autre recevant la nom de *globule sporigène.* Celui-ci forme, en effet, la spore qui absorbe sans doute l'autre; car à la maturité il a toujours disparu. La spore sort de la verrue et se divise en **2, 4, 8** et même **16** *sporules filles* qui reproduisent la plante mère.

Quant aux *Spirogyra,* l'auteur que nous venons de citer a rapporté, en 1852, une observation que des recherches plus récentes, en 1856, paraissent confirmer et qui méritent d'être prises en considération. Il aurait vu, dans ces végétaux, de petits filaments spiraux contenus primitivement chacun dans une cellule mère. Ils sont souvent groupés en petites masses arrondies, ce qui leur a fait donner, par M. Itzigsohn le nom de *spermatosphéries;* ces filaments, sans renflement, sans cils visibles, sont d'une grande mobilité. Ces corpuscules qu'on doit, sans nul doute, rapprocher des anthérozoïdes des autres algues n'ont pas, que nous sachions, été signalés dans les genres précédents des Synsporés.

Nous nous appesantirons davantage sur la reproduction sexuelle dans le genre *Closterium,* sa position dans la série organique paraissant peut-être encore douteuse à quelques naturalistes. Les phénomènes dont nous allons parler, en les rapprochant complétement des Algues synsporées, ne doivent pas peu contribuer à les faire placer parmi ces végétaux, comme l'admettent au reste la grande majorité des botanistes modernes.

Ces êtres, remarquables par leur enveloppe siliceuse, sont connus depuis fort longtemps, puisqu'ils furent signalés par O.-F. Müller, en 1786; depuis ils ont été fréquemment examinés, mais le travail le plus important dont ils aient été l'objet paraît être celui de M. Morren (1836) qui les a étudiés avec très-grand soin. Depuis cette époque on s'est souvent occupé de ces êtres au point de vue descriptif, particulièrement en ce qui concerne leur enveloppe solide, mais un petit nombre de savants se sont livrés à l'étude de leur organisation. Nous devons cependant citer les noms de Thwaites, de Bary, de Focke.

Lorsqu'une Clostérie se développe, on voit la spore qui lui donne naissance se polariser, suivant l'expression de M. Morren, c'est-à-dire que son contenu coloré ou endochrome, se rassemblant dans la zone médiane, laisse à ses deux extrémités des espaces plus clairs, la cellule s'allonge, et bientôt se produit une ligne blanchâtre qui la partage en deux cônes égaux ou inégaux. M. Morren croyait que ces derniers étaient seuls susceptibles de conjugaison; les recherches modernes ne paraissent pas avoir confirmé le fait pour toutes les espèces. La Clostérie se divise bientôt en deux parties réellement distinctes, une cloison se produisant au point précis où se trouve la ligne blanche médiane; elle peut alors être comparée à une conferve à deux loges. Ses dimensions augmentent et la matière verte qu'elle contient s'accroît proportionnellement; en même temps, dans chacun des espaces vides laissés aux deux pôles, on voit se développer une cellule qui grossit rapidement et dans laquelle se forme une grande quantité de corpuscules rougeâtres. Arrivée à un certain degré de développement, cette cellule se segmente et chacune des cellules secondaires se développe comme celle qui lui a donné naissance en se remplissant de corpuscules colorés, de telle sorte qu'au bout d'un certain temps on peut en distinguer un assez grand nombre dans l'intérieur de la Clostérie. M. Ehrenberg, considérant ces êtres comme des animaux, voulut voir dans ces points rouges les yeux qu'il avait rencontrés ayant cette teinte chez certains infusoires; le développement seul des cellules secondaires enlève toute probabilité à cette hypothèse, abstraction faite de la nature végétale bien constatée de ces Clostéries. M. Morren croit plutôt qu'il faut voir dans ces points rouges l'analogue des corpuscules fécondants, ce que nous nommons *Anthérozoïdes,* auquel cas la cellule devrait prendre le nom d'*Anthéridie.* Parmi les arguments que l'auteur apporte pour justifier cette théorie, celui qui nous paraît avoir le plus de poids est tiré de la disparition de ces corps au moment de la conjugaison, alors que la matière verte ou endochrome acquiert les propriétés de la spore. Cet endochrome, pendant que ces changements se passaient aux pôles de la Clostérie, s'est lui-même modifié; il s'est entouré d'une membrane qui le limite nettement. C'est lui qu'on doit considérer comme l'organe femelle; mais, suivant qu'il n'y aura pas ou qu'il y aura conjugaison, les modifications qu'il subit présentent de notables différences.

Dans le premier cas, les deux masses d'endochrome contenues dans la Clostérie se font jour directement au dehors, entraînant avec elles les spores nombreuses (*Propagules* de Morren) qui se sont développées dans son intérieur par simple segmentation. Il ne paraît pas alors y avoir eu fécondation, contrairement à ce que pense M. Morren, et l'on pourrait même se servir des planches jointes à son mémoire pour témoigner contre lui, puisque, dans tous les cas où il a représenté les utricules vidant leur contenu sans conjugaison, il a toujours figuré les cellules à corpuscules rouges (*Anthérozoïdes*), intactes aux pôles de la Clostérie.

Dans le cas d'accouplement les phénomènes sont beaucoup plus compliqués, mais rappellent absolument ce que nous avons vu chez les Zygnema. Les individus qui doivent se conjuguer étant placés l'un en face de l'autre, une des cellules de chacun d'eux envoie un prolongement formé par les membranes internes, l'enveloppe coriace s'étant résorbée en ce point. Quand les prolongements sont arrivés en contact l'un de l'autre, ils se soudent, et le diaphragme qui les sépare se résorbant, deux cellules des deux clostéries peuvent librement communiquer l'une avec l'autre. Mais en même temps dans chacune d'elles la cloison qui séparait les deux cellules a disparu, de telle sorte qu'en réalité les deux cavités entières des clostéries sont en communication. On voit alors toutes les grandes cellules à endochrome, au nombre de quatre, deux pour chaque individu, se rendre dans le tube de conjugaison qui se dilate considérablement et s'y réunir en une seule masse qui va donner la véritable spore (*Séminule,* Morren. Les cellules à points rouges ont disparu pendant ces phénomènes et paraissent s'être fondus dans les masses à endochrome. Ce fait, comme nous l'avons dit, est le meilleur argument qu'on puisse invoquer pour y voir l'analogue des anthéridies. La spore une fois formée se développerait directement en une clostérie qui ne différerait en rien de celles que fournissent les propagules.

Ce mode de reproduction a, comme on le voit, les plus intimes rapports avec celui des autres algues synsporées; on doit seulement remarquer ici l'apparence bien nette d'un organe distinct pour chacun des sexes, fait qu'on peut supposer chez les Spirogyra, d'après les remarques de M. Itzigsohn, mais que l'on n'a pas encore reconnu chez les Zygnema.

Chez les Diatomées, d'après les recherches de M. Thwaites, les phénomènes de la fécondation sont très-voisins de ce que l'on observe chez les Clostéries. Chez l'*Eunotia turgida,* les individus, qui paraissent moins nettement divisés en deux cellules que dans le genre que nous avons précédemment examiné, s'envoient chacun deux tubes de conjugaison, un supérieur, un inférieur. L'endochrome s'amasse dans chacun d'eux, mais le contenu, au lieu de rester indivis, se fractionne de telle sorte que chaque amas renferme bientôt une quantité considérable de corpuscules reproducteurs. Les tubes de conjugaison ainsi métamorphosés en sporanges acquièrent des dimensions considérables et surpassent bientôt notablement en volume les diatomées qui leur ont donné naissance. La carapace de celle-ci s'est partagée en deux parties qui sont placées de chaque côté des sporanges accrus. Un fait important à noter est que pendant tout le temps

de la fécondation et du développement des corps
reproducteurs les deux individus accouplés sont
enveloppés d'une sorte d'atmosphère mucilagineuse
qui s'accroît avec eux. C'est par la destruction de
ce mucilage et des sporanges que se fait la dissémination. Les phénomènes sont les mêmes dans le
genre *Epithemia*. Dans les genres *Cosmarium* et
Staurastrum, observés par M. de Bary, les individus
ne s'enverraient qu'un prolongement ; cet auteur a
ajouté sur le développement des spores dans ces
végétaux, immédiatement après la fécondation, des
détails curieux qui se rapprochent beaucoup de ce
que nous avons signalé pour les spores fécondées
du *Sæphroplea annulina*.

Avant de passer à l'étude de la fécondation chez
les Fucacées nous ne pouvons pas passer sous si-
lence les faits curieux relatifs à la reproduction des
Volvox. Ces êtres présentent, à un bien plus haut
degré que les précédents, ce caractère d'ambiguïté
qui fait qu'on peut hésiter à les ranger dans le règne
animal ou dans le règne végétal, et la question paraît encore être en suspens ; si, en effet, en France
les Volvoces sont généralement regardés comme
animaux, en Allemagne on les réunit aux Algues, et
c'est ce point de vue qui paraît avoir toujours dirigé M. Cohn dans les nombreuses et intéressantes
recherches dont ce groupe a été pour lui l'objet.

Chez le *Volvox globator* on reconnaît deux modes
de génération, l'un par prolifération des cellules,
mode qui n'a rien de spécial à ces êtres et sur

lequel nous ne nous arrêterons pas, l'autre dû au concours des sexes et qui présente, on doit le reconnaître, de nombreux points de ressemblance avec ce qu'on observe chez les Algues. L'espèce dont nous parlons ici se présente, on le sait, sous l'aspect de sphères verdâtres élégamment réticulées, d'un tiers de millimètre à 1 millimètre, et se mouvant dans l'eau avec une certaine agilité. La structure de ces corps est des plus simples : ils se composent d'une enveloppe de cellules juxtaposées et ne forment qu'une seule rangée ; à l'intérieur, existe un mucilage transparent. Toutes les cellules de l'enveloppe sont susceptibles de la génération sexuelle, mais un certain nombre d'entre elles seulement peuvent donner naissance aux organes soit mâles, soit femelles. Ceux-ci, dans le *Volvox globator* dont nous nous occupons ici, sont réunis sur le même individu. D'après M. Cohn, c'est donc une espèce monoïque ; mais il importe de signaler dès à présent certaines espèces, comme le *Volvox minor*, chez lesquelles les sexes se trouvent sur deux individus différents et par conséquent qui sont dioïques. Dans l'espèce que nous prenons pour type les cellules sexuelles ne tardent pas à se distinguer des cellules simples par leur accroissement plus considérable et l'amas de matière verte qui s'y concentre. Ces premiers développements sont communs aux sporanges comme aux anthéridies, mais plus tard ces organes se différencient d'une manière notable. Les cellules femelles en se développant descendent dans la cavité centrale au travers du mucilage qui la remplit, en se dirigeant vers le centre de la sphère ; elles grossissent considérablement vers ce point, tandis qu'à leur point de départ de la membrane enveloppante elles restent étroites ; aussi lorsqu'elles ont acquis toute leur taille on peut les comparer, suivant l'expression de M. Cohn, à une bouteille fixée par son goulot à la paroi interne de l'enveloppe générale. Dans l'intérieur de chaque sporange la matière verte s'accroît au fur et à mesure du développement et finit par former un gros globule qui est en tout comparable à ce que nous connaissons déjà dans les *Sphæroplœa annulina* sous le nom de spore primordiale. L'organe femelle a acquis vers cette époque un diamètre de $0^{mm},05$.

Le développement des organes mâles représente exactement dans ses commencements ce que nous venons de voir pour le sporange ; seulement quand la matière verte qui remplit la cavité a acquis un certain volume, au lieu de ne former qu'une seule masse, on la voit se segmenter d'une manière régulière, mais en deux sens seulement, ce qui fait qu'au lieu de s'étager les uns au-dessus des autres, les corpuscules innombrables qui résultent de cette division se disposent suivant une surface courbe qui tapisse l'intérieur de la cellule où se fait le développement. Bientôt chacune de ces parties subit des modifications qui vont la métamorphoser en véritable anthérozoïde. Le changement le plus important consiste dans la production de deux longs

cils au moyen desquels le corpuscule se meut d'a-
bord lentement dans l'intérieur de l'anthéridie;
bientôt sa forme et sa couleur changent, il s'allonge, se renfle à une de ses extrémités, s'atténue
à l'autre qui représente le rostre et porte des cils
flabelliformes ; il devient jaunâtre et renferme
quelques granules colorés. Les anthérozoïdes sortent enfin de la cavité qui les renferme et se répandent dans le mucilage central. Le mode suivant
lequel s'opère cette déhiscence n'est pas exactement connu, mais celle-ci parait s'effectuer par
rupture de l'anthéridie. Les anthérozoïdes s'agitent
alors avec vivacité et cherchent à pénétrer dans
l'intérieur des sporanges ; la voie qu'ils suivent
pour arriver jusqu'à la spore primordiale est éga-
ment encore obscure, mais cependant on les voit
au bout d'un certain temps en contact direct avec
celle-ci, et la fécondation est alors opérée, comme
le prouvent suffisamment les changements subsé-
quents qu'on remarque et d'où résulte la formation
des membranes de la spore proprement dite.

Dans un travail plus récent, M. H.-J. Carter
(1859), sans infirmer complétement ces observations, a été conduit à regarder le *Volvox globator*
comme dioïque. Ces faits ne changent du reste en
rien l'essence du phénomène de la fécondation.

Nous devons faire remarquer ici que ce mode de
reproduction sexuelle paraît offrir des différences
notables avec ce que M. Balbiani a fait connaître
chez les infusoires dans ces dernières années, et

tendrait par suite à faire rejeter les êtres dont il s'agit parmi les Algues, suivant l'idée de MM. Cohn, Carter, etc., quelque singulier que puisse paraître un végétal doué de mouvements aussi nets et aussi continus à toutes les périodes de son existence. Au reste un élément important manque encore pour juger cette question, c'est l'histoire complète du développement qui est imparfaitement connu en ce qui concerne les spores.

Dans les premiers types des Fucacées nous trouvons de nombreux points de ressemblance avec ce que nous avons vu dans le groupe précédent, sauf la localisation plus avancée des organes de la reproduction. Le genre *Vaucheria*, dont l'organisation a été étudiée avec un grand soin par M. Pringsheim (1855), nous servira de type.

Le *Vaucheria sessilis,* qui a fait le sujet de ces observations, est une petite plante d'eau douce qui, pour sa structure, se rapproche beaucoup des Conferves et consiste en un tube cloisonné, ramifié généralement et rempli de matière verte. En deux points très-rapprochés d'un même tube, on voit se former deux petites saillies qui dès l'abord se distinguent facilement l'une de l'autre, et par la rapidité de leur croissance, et par leur forme. L'une se développe très-vite, c'est une sorte de tube qui bientôt se recourbe en hameçon et auquel on a donné le nom de *cornicule ;* ce sera l'organe mâle, l'anthéridie. L'autre ne forme d'abord qu'une bosselure élargie qui s'accroît lentement et montre toujours une grande tendance à prendre une forme sphérique et beaucoup moins de longueur que l'anthéridie ; ce sera l'organe femelle, le sporange. Ces deux parties sont à cette époque en libre communication avec l'article de la plante dont elles dérivent et leur contenu ne diffère pas.

En suivant le cornicule dans son développement, on le voit s'allonger et se recourber sur lui-même en corne de bélier ; à un certain moment une cloison se produit dans son intérieur, mais en laissant la moitié ou les deux tiers inférieurs en libre communication avec la plante mère. C'est dans la loge supérieure que vont se passer les plus importantes modifications. La première, qui précède même un peu la formation de la cloison, consiste en un changement dans la nature du contenu de l'extrémité du cornicule : les granulations y deviennent plus ténues, le liquide s'éclaircit, en sorte qu'au moment de la séparation il ne contient plus que de fines granulations moléculaires. Bientôt dans ce plasma apparaissent des corpuscules en bâtonnet, doués d'abord d'un mouvement obscur, mais qui plus tard s'agitent avec une assez grande rapidité. Lorsqu'on les examine isolés et sortis de l'anthéridie, on voit qu'ils se composent d'un corps allongé mesurant environ $0^{mm},012$, marqué d'un point brun et pourvu de deux cils qui ne sont pas, comme dans les corpuscules analogues que nous avons vus jusqu'ici, placés à l'une des extrémités, mais sont l'un vers le centre, l'autre à la terminaison; leur direction est aussi différente en ce qu'ils se placent sur le prolongement l'un de l'autre, en se portant l'un en avant, l'autre en arrière, au lieu de se diriger d'un même côté. L'aspect, les mouvements de ces corpuscules, et, comme nous le verrons, leurs usages, ne peuvent laisser aucun doute sur leur nature; ce sont les *anthérozoïdes*. (M. Pringsheim préfère leur donner le nom de *spermatozoïdes*.)

Pendant ce temps, le développement de la bosselure voisine du cornicule, qui doit donner naissance au sporange, a continué à s'accuser; sa taille s'est beaucoup accrue et elle forme comme une petite sphère soudée au tube du *Vaucheria* et en libre communication avec sa cavité. Son contenu, d'abord identique à celui de la plante mère, ne tarde pas à se modifier, mais d'une façon toute différente dès l'abord de ce que nous avons vu dans l'organe mâle. Au lieu de s'éclaircir, le liquide se charge de granules de nature graisseuse et de chlorophylle. Peu de temps après, apparaît subitement à la base de la sphère une cloison qui ferme l'ouverture de communication entre celle-ci et la cellule mère; ce phénomène se produit dans le sporange un peu après l'époque où, d'une façon analogue, l'extrémité du cornicule s'est séparée de la cavité commune. En même temps, la forme s'est un peu modifiée : la sphère n'est plus aussi régulière, elle pousse, et cela précisément du côté de l'anthéridie, une sorte de prolongement qui, suivant l'expression de M. Pringsheim, lui donne l'aspect d'un ovule semi-anatrope.

Aussitôt que la cavité du sporange est nettement limitée, on voit les gros granules qu'il contient et la matière colorante se rassembler au centre, sous forme d'un amas opaque entouré d'une substance mucilagineuse épaisse qui en occupe la périphérie, d'abord d'une façon à peu près égale, mais qui bientôt semble s'accumuler en plus grande quantité dans ce prolongement dont nous avons parlé plus haut. Cette matière paraît surtout destinée à opérer la déhiscence du sporange, pour permettre l'arrivée de l'anthérozoïde jusqu'à la spore primordiale qui n'est autre chose que l'amas central. En effet, par suite de l'abondance de la matière muqueuse, on voit la paroi du sporange s'amincir, puis se perforer : cette matière fait alors saillie à l'extérieur, et la plus grande partie se sépare sous forme d'un globule hyalin, qui, pendant un certain temps, reste adhérent à la partie interne par une sorte de pédicule, ce qui a pu induire en erreur certains observateurs touchant la manière dont s'opère la fécondation.

Au moment où ces phénomènes qui font communiquer la cavité du sporange avec l'extérieur s'accomplissent, la déhiscence de l'anthéridie a également lieu; elle consiste en une perforation de l'extrémité du cornicule, laquelle semble dépendre de la résorption du tissu en ce point. Les corpuscules fécondateurs se répandent alors dans le liquide ambiant et s'y agitent avec vivacité; un grand nombre se dirigent vers l'ouverture du sporange et on les voit essayer de parvenir jusqu'à la spore primordiale dont ils ne sont plus séparés que par une couche peu épaisse de matière muqueuse, la plus grande partie de celle-ci ayant été expulsée comme on l'a vu plus haut. Quoique le nombre des corpuscules fécondants qui se trouvent à l'ouverture puisse être très-considérable, un seul paraît généralement traverser la couche muqueuse, et le premier phénomène qui suit la fécondation, c'est-à-dire la formation d'une membrane enveloppant la spore, ferme toute possibilité de contact entre le contenu du sporange et l'extérieur. L'anthérozoïde fécondateur reste pendant un certain temps visible à la surface de la spore au-dessous de la membrane enveloppante, il paraît même y acquérir un volume un peu plus considérable, mais au bout de quelque temps il disparaît sans laisser aucune trace visible de son existence.

Les parois de l'anthéridie vide ne tardent pas à se détruire, et tout le cornicule lui-même disparaît. Quant à la spore, après différentes modifications dans son contenu et ses enveloppes, modifications sur lesquelles nous n'avons pas ici à insister, elle se détache de la plante mère, et, par sa germination, reproduit directement un tube de Vaucheria.

Telle est la série des phénomènes indiquée par M. Pringsheim, et la clarté des détails nous laisse peu de doutes sur l'authenticité de ces observations. Toutefois d'autres naturalistes, et en particulier M. Karsten (1855), ont cru reconnaître un mode tout différent de fécondation, et, revenant à l'ancienne opinion de Vaucher, croient qu'il y a conjugaison réelle entre le sporange et l'anthéridie, au moins dans certains cas. La partie prolongée du sporange, dont nous avons parlé, viendrait se mettre en contact avec le cornicule, et une perforation se produisant en ce point, on conçoit que le mélange des substances s'effectuerait facilement. Dans d'autres cas rapportés par le même auteur, la matière fécondante sortirait de l'anthéridie sous forme d'une sphère mucilagineuse dans laquelle seraient les anthérozoïdes, sphère qui viendrait se mettre en contact avec la spore primordiale par l'ouverture du sporange. Des observations ultérieures pourront seules apprendre ce qu'il faut penser de ces différentes théories; on peut d'ailleurs présumer que, suivant les cas, elles peuvent toutes se réaliser.

Dans la famille des *OEdogoniées*, comprenant jusqu'ici les deux seuls genres *OEdogonium* et *Bulbochæte*, les phénomènes de la fécondation présentent une complication que nous n'avons pas rencontrée dans les plantes précédentes, par l'intercalation dans certains cas d'un végétal réel spécial, chargé de fournir l'anthéridie. La petitesse de ces algues d'eau douce facilitant les observations, elles ont été fréquemment examinées par les naturalistes, et les travaux de MM. Pringsheim, de Bary, Vaupell, etc., en font les végétaux inférieurs les mieux connus peut-être sous le rapport des phénomènes de la reproduction.

Ces algues sont formées de filaments cloisonnés simples, dans le genre *OEdogonium,* ramifiées dans les *Bulbochæte;* c'est là la principale différence qui les distingue. La reproduction a lieu, d'une part, par zoospores produites dans les cellules sans l'intervention des sexes; d'autre part, par des spores proprement dites dues au concours d'anthéridies et de sporanges. La formation des zoospores ne doit pas nous arrêter ici; nous nous bornerons à rappeler qu'elles se développent isolément dans un grand nombre de cellules végétatives, qu'elles en sortent sous la forme ordinaire de spores ciliées, et donnent directement naissance par développement prompt à une plante complète.

La reproduction par sexes diffère assez dans les détails, quand on considère telle ou telle espèce, pour qu'il soit difficile de l'exposer d'une manière générale; nous préférons prendre un type, et, après avoir étudié les phénomènes de sa génération, nous pourrons plus facilement faire comprendre ce qui a lieu dans les autres cas.

Dans l'*OEdogonium ciliatum* que M. Pringsheim a particulièrement étudié, si l'on considère un des filaments constituant une plante complète, on y reconnaît trois espèces de cellules : les unes, les plus nombreuses, dans lesquelles se forment les zoospores dont nous avons parlé plus haut; d'autres généralement espacées sur la longueur de la tige, remarquables par leur grosseur ; c'est là que se développent les spores proprement dites ; nous pourrons donc les désigner sous le nom de *sporanges* (*oogonium*, Pringsheim) ; enfin une troisième espèce de cellules placées vers l'extrémité du filament, au-dessus des sporanges, et qui donnent naissance à des corps qu'on pourrait au premier abord confondre avec les zoospores, mais qui en diffèrent absolument par leur destination, et auxquels nous donnerons dès à présent le nom d'*androspores,* nom que leur a imposé M. Pringsheim. Étudions plus en détail ces deux dernières espèces de cellules.

Les sporanges dans l'*OEdogonium ciliatum* se différencient des autres cellules au premier coup d'œil par leur forme ventrue et leur contenu plus opaque formé de granulations plus volumineuses ; leur dimension est d'environ $0^{mm},04$. Les granulations sont rassemblées au fond de la cavité dont elles occupent la plus grande partie ; dans la partie supérieure se trouve un petit disque mucilagineux transparent ; l'ensemble de ces parties constitue la spore primordiale. Jusqu'aux approches de la fécondation, le sporange et son contenu n'éprouvent aucune modification ; vers cette époque une rupture se fait au point où le sporange s'unit avec la cellule qui lui est supérieure, de telle sorte que celle-ci se détache en totalité ou en partie, et la cavité communique avec l'extérieur. En même temps, du côté de la portion mucilagineuse de la spore primordiale, au point où vient de se faire la séparation, on voit s'élever un tube qui sort un peu de la cavité sporangique, et s'incline latéralement. Ce tube, qui paraîtrait dépendre d'une membrane spéciale se produisant alors autour de la spore, a reçu de M. Pringsheim, à cause de ses usages, le nom d'*utricule copulatrice*.

Revenons aux cellules où se forme l'androspore et au développement de celui-ci. Elles se distinguent des cellules végétatives ordinaires pa leurs dimensions moindres, mais au reste leurs caractères et leurs formes sont les mêmes; l'androspore qui s'y produit, dans son mode même de végétation et son aspect, diffère si peu des zoospores qu'on trouve dans les cellules végétatives ordinaires, qu'Al. Braun les avait confondus en donnant aux uns le nom de *macrogonidies,* tandis qu'il donnait aux autres celui de *microgonidies,* faisant allusion à leur caractère le plus saillant, la différence de taille. Ces corpuscules, arrivés à leur état complet de développement, s'échappent des anneaux qui se désarticulent à ce moment et nagent librement dans le liquide; ils sont ovoïdes, remplis de matière verte dans leurs quatre cinquièmes postérieurs environ, avec un rostre transparent entouré d'une couronne de cils qui leur permet de se mouvoir avec agilité dans le liquide ambiant. Au bout d'un certain temps, on les voit venir se fixer par le rostre sur les sporanges dans une position qui serait invariable pour chaque espèce; dans l'*OEdogonium ciliatum,* c'est à peu près vers la moitié de la hauteur de la paroi. Les cils tombent, et cette sorte de spore mobile subit alors une véritable végétation qui va la changer en organe producteur des éléments mâles de la génération, d'où le nom d'*androspore*. Les phénomènes qui se passent alors rapprochent encore les androspores des zoospores véritables. Le corpuscule une fois fixé se segmente par la production d'une cloison horizontale en deux cellules, l'une basilaire, l'autre supérieure ; cette dernière se divise également bientôt de la même manière, et dans chacune des cellules résultant de cette subdivision on voit se former un amas d'endochrome qui s'organise bientôt pour produire un véritable anthérozoïde cilié, en tout comparable à ceux que nous avons eu l'occasion d'étudier jusqu'ici. Au moment de la fécondation, la partie supérieure de l'anthéridie (nom que doit prendre l'androspore arrivé à ce point de développement) se détache comme une sorte de couvercle, et l'anthérozoïde supérieur peut librement s'échapper ; ce n'est que plus tard, par résorption de la cloison qui l'emprisonne encore, que le second corps fécondant pourra se trouver libre.

Mais avant d'étudier la manière dont l'anthérozoïde vient se mettre en contact avec la spore primordiale, indiquons en peu de mots les quelques différences qu'on rencontre dans la disposition des organes sexuels chez les plantes voisines de celle que nous venons d'étudier. Dans l'*OEdogonium ci-*

liatum que nous avons pris pour type, la plante
peut renfermer à la fois les cellules simples produisant des zoospores, des cellules femelles et des
cellules produisant des androspores; comme c'est
de ces derniers que dérivent les corpuscules mâles,
la plante peut à la rigueur être considérée comme
monoïque; mais, comme, d'un autre côté, la production des anthéridies demande une nouvelle végétation intercalaire, et qu'on peut alors, avec juste
raison, regarder les corpuscules mâles comme produits par une nouvelle plante, le végétal peut être
considéré aussi comme dioïque; M. Pringsheim
a cru devoir imposer un nom particulier à cette
combinaison, celui de *gynandrosporie*. Il existe
en même temps dans cette espèce des individus
tout à fait asexués et ne se reproduisant que par
zoospores, cela porte donc à trois le nombre des
modes de végétation : 1° les individus asexués,
2° les individus gynandrosporiques, 3° les individus mâles provenant des androspores.

Dans l'*OEdogonium setigerum* le développement
est le même; seulement les androspores sont produits par des individus différents de ceux qui donnent naissance aux sporanges. Chez un grand nombre d'espèces du même genre, les anthérozoïdes, au
lieu de se produire par l'intermédiaire d'un androspore végétant, naissent directement dans certaines cellules qui sont de véritables anthéridies;
dans la majorité des cas, les plantes sont dioïques;
cependant, chez un petit nombre de plantes, il y a

monœcie. Toujours à côté des individus sexués existent des individus agames.

Les plantules dérivant des androspores et qui donnent naissance aux anthéridies offrent aussi quelques différences qui portent spécialement sur le plus ou moins grand développement qu'elles sont susceptibles d'acquérir. Dans le cas le plus simple, l'androspore ne se subdivise pas en cellules végétatives, et sa cavité donne directement naissance à deux anthérozoïdes. D'autres fois, et c'est le cas que nous avons examiné, il se forme deux cellules, l'une basilaire, véritable cellule végétative, l'autre terminale, dans laquelle les deux anthéridies prennent naissance ; la cellule basilaire ne se développe jamais au delà et finit par s'oblitérer. Dans d'autres cas enfin, le nombre des cellules est beaucoup plus considérable; la cellule inférieure reste toujours simplement végétative, les autres au contraire sont anthéridiennes. Mais ici, quand les anthérozoïdes ont quitté leurs cellules productrices, la cellule basilaire produit dans sa cavité un bourgeon mobile qui n'est autre chose qu'une androspore. Quant aux œdogonium, chez lesquels les anthérozoïdes se produisent directement sans formation de plantule mâle spéciale, leur développement n'offrant rien de particulier, nous ne croyons pas devoir nous y arrêter.

De quelque manière qu'ait été produit le corpuscule mâle, on le voit, aussitôt après sa sortie de l'anthéridie, s'agiter dans le liquide, et se diriger vers le sporange, dont la déhiscence s'est opérée par le procédé que nous avons décrit plus haut en détail. La transparence de ces végétaux, la grosseur assez considérable du spermatozoïde, en facilitant les observations, ont permis aux naturalistes de préciser très-exactement les phénomènes, et ces faits peuvent jeter un grand jour sur la théorie de la fécondation en général. Dans le cas où l'anthéridie est fixée sur le sporange, l'issue de l'anthérozoïde se fait presque en face de l'ouverture que nous avons signalée à l'extrémité du tube de l'utricule copulatrice, il s'y engage aussitôt, et parvient jusqu'à la spore primordiale, à laquelle il s'attache par le rostre; bientôt ses mouvements s'affaiblissent, il s'applique par le côté sur la portion mucilagineuse où il adhérait, se liquéfie, et, suivant l'expression de M. de Bary, « se fond à la fin tout entier dans le globe de la spore, de même qu'une petite goutte d'eau se fond dans une plus grosse. » Il ne reste bientôt plus trace de l'anthérozoïde, sauf les quelques granules colorés qu'il renfermait dans son intérieur et qui finissent par disparaître. M. Pringsheim croit aussi devoir admettre, d'après ses nombreuses observations, cette fusion intime des substances mâles et femelles. M. Vaupell cependant, se fondant sur les phénomènes qu'il a décrits chez l'*œdogonium setigerum* (1859), pense que le contact seul suffit. Il lui paraîtrait en effet difficile, dans cette espèce, que l'anthérozoïde pénétrât par la petite ouverture qui s'est formée sur le sporange ; il dit d'ailleurs n'avoir jamais pu observer cette pénétration. Dans ses études algologiques, M. Petrowski (1861) a apporté, en faveur de la théorie de MM. Pringsheim et de Bary, de nouveaux documents qui paraissent de nature à entraîner les convictions ; une partie de ces observations répète celles de M. Pringsheim, et l'auteur dit avoir très-clairement reconnu le mélange des deux substances que suivait immédiatement la formation de la spore. Mais, dans un cas curieux, cet observateur vit un anthérozoïde engagé assez avant dans l'ouverture copulatrice et sa partie antérieure y était déjà entrée profondément lorsqu'un rotateur l'avala en l'arrachant du sporange. Après une heure et demie d'observation, aucun des phénomènes qui indiquent la fécondation de la spore primordiale ne s'était produit : le contact des deux substances n'avait donc pas suffi pour produire leur action réciproque.

La spore primordiale une fois fécondée subit les changements qui doivent l'amener à l'état de spore proprement dite ; elle s'entoure de membranes ; la portion mucilagineuse avec laquelle s'est fusionné l'anthérozoïde se fond dans la masse générale, qui se segmente ; le sporange s'est alors décomposé, et la spore tombe. Elle est désormais apte à reproduire la plante mère au bout d'un temps variable, suivant les circonstances. Cette reproduction ne se fait pas directement, mais le contenu de la spore se partage en un certain nombre de corps ciliés et mobiles, de véritables zoospores qui seront les corps germinateurs. Nous n'avons pas besoin de faire remarquer la concordance parfaite de ce cycle avec celui que nous avons vu chez les Conferves pour le *Sphœroplea annulina*. Nous retrouvons encore ce double mode de reproduction par capsules à germination prompte, *zoospores*, par corpuscules à germination à longue portée, *spores*.

Nous n'avons pas parlé jusqu'ici du genre *Bulbochæte*, et nous ne croyons devoir le signaler qu'en passant ; si, au point de vue de la végétation, il présente des particularités importantes qui le distinguent du genre OEdogonium, particularités sur lesquelles M. Pringsheim a donné des renseignements très-circonstanciés, au point de vue de la reproduction les phénomènes sont identiquement comparables.

Les *Saprolégniées* sont de petites algues aquatiques dont la reproduction va nous offrir des phénomènes des plus curieux rappelant la conjugaison des algues synsporées. L'espèce la plus commune, le *Saprolegnia ferax*, Kütz (*Achlyea prolifera*, Nees d'Esbek), se rencontre très-fréquemment sur le corps des mouches et autres insectes lorsque les cadavres de ces petits animaux se trouvent à la surface de l'eau ; ils forment une petite masse blanchâtre formée de filaments à peu près rectilignes ; d'autres se trouvent sur le corps des poissons, des salamandres ; en un mot, toutes les espèces sont parasites des animaux ou des végétaux, ce qui les avait fait, à une certaine époque, rapprocher des champignons dont d'ailleurs ils ont en partie le mode de végétation. Tous ces êtres ont le double mode de reproduction que nous avons déjà signalé par spores mobiles ou zoospores, par spores immobiles ou spores proprement dites. Les phénomènes offrent assez de différence dans les diverses espèces pour que nous soyons obligé d'adopter la marche que nous avons suivie précédemment, d'étudier d'abord un type en indiquant ensuite les modifications que présentent les espèces voisines.

Le *Saprolegnia monoïca*, étudié avec grand soin par M. Pringsheim (1859), se trouve, comme le *Saprolegnia ferax,* sur le cadavre des mouches immergées; ces deux espèces n'ont même pu être distinguées que depuis les recherches faites sur leur mode de reproduction sexuelle. Les Zoospores se forment dans des cellules terminales et n'offrent, dans leur développement, rien qui mérite d'être cité.

Ce sont des cellules placées également au bout des rameaux qui donnent naissance au sporange, et elles se distinguent très-facilement, aussi, dès 1850, M. Thuret, en les observant, avait-il parfaitement reconnu qu'il fallait admettre, dans ces plantes, un double mode de reproduction, bien qu'à cette époque on ne connût pas encore la reproduction sexuelle de ces êtres. Leur forme est très-exactement sphérique, leur enveloppe simple et homogène. Le contenu, d'abord finement granuleux et

demi-transparent, devient un peu plus opaque, puis
se segmente, mais ce dernier phénomène n'est pas
régulier, et la substance se sépare plutôt en espèces
d'amas mal limités et de forme très-variable. Ces
masses, d'abord adhérentes à la paroi, ne tardent
pas à s'en isoler et prennent une forme arrondie
mieux définie, jusqu'à ce qu'enfin, se détachant, elles
flottent librement dans la cavité sous forme de
petites sphères d'égal diamètre, parfaitement homogènes et sans membrane propre apparente. Ces corps
ne sont autre chose que les spores primordiales;
M. Pringsheim leur donne le nom de *gonosphéries*.
En même temps, la membrane de la cellule enveloppante s'est modifiée sur certains points, elle
s'amincit de distance en distance et le sporange finit
par présenter en ces endroits des ouvertures arrondies, que l'action de l'acide sulfurique et de l'iode
rend bien visibles, comparables à celles que nous
avons signalées sur le *Sphæroplea annulina;* leur
usage est du reste le même, elles doivent permettre
l'entrée des corpuscules fécondants.

La structure des anthéridies est plus singulière.
On voit dès les commencements du développement
du sporange des ramifications en nombre variable,
à ce qu'il semble, se produire au-dessous de ce dernier sur l'article qui le supporte; elles peuvent se
subdiviser elles-mêmes et viennent se placer tout
autour du sporange. A leur extrémité se passent
alors des phénomènes analogues à ceux que nous
avons décrits dans le cornicule du *Vaucheria;* le con-

tenu prend un aspect spécial, puis un diaphragme vient transformer cette extrémité en une cellule où se développeront les anthérozoïdes. La structure de ceux-ci n'est pas exactement connue, attendu que, par suite même du mode de fécondation que nous allons décrire dans un instant, il est difficile de les observer à l'état de liberté ; cependant leurs mouvements de trépidation dans l'intérieur de la cellule où ils se produisent portent à penser qu'ils sont pourvus de cils vibratiles et peu différents de ceux que nous avons rencontrés jusqu'ici dans différents genres d'Algues. Bien avant que les anthérozoïdes se montrent doués de mouvement, les rameaux qui supportent les anthéridies se sont rapprochés du sporange au point de le toucher par leur extrémité qui s'applique sur sa surface ; ce phénomène a lieu vers l'époque où le contenu plasmatique commence à ébaucher les spores primordiales. Les amincissements de la membrane sporangique dont nous avons parlé se trouvent en rapport avec les anthéridies, et, quand la perforation se produit, celles-ci envoient, dans l'intérieur du sporange, une sorte de boyau qui pénètre jusqu'au centre de la sphère et y conduit les corpuscules fécondants. La profondeur à laquelle parviennent les anthérozoïdes crée une des principales difficultés de leur étude, attendu qu'en ce point ils sont cachés par l'amas des spores primordiales. Le phénomène de la fécondation accompli, les sphères s'entourent d'une double membrane et la dissémination se fait par simple rupture du sporange. Suivant M. Pringsheim, dans la suite du développement, la spore proprement dite à laquelle il donne le nom d'*oospore* peut, en germant, donner directement naissance au végétal parfait ; d'autres fois, au contraire, comme l'a observé M. Cienkowsky, cette reproduction n'a lieu que par l'intermédiaire de zoospores, comme dans le *Sphæroplea annulina*, les *OEdogonium* et les *Bulbochæte*. Ces auteurs se sont également assurés que la spore fécondée et développée conserve très-longtemps la propriété germinative.

En ce qui concerne le *Saprolegnia ferax*, les phénomènes de la fécondation sont moins bien connus ; mais cependant ce qu'on en a pu observer indique une grande conformité avec ce qui se passe dans l'espèce précédente ; il paraîtrait seulement y avoir ici dioïcité. Les travaux de M. Unger (1843), de M. Thuret (1850), portent spécialement sur la reproduction asexuelle par zoospores ; toutefois ce dernier avait observé et figuré des sporanges mûrs qui, comme nous l'avons dit, le portaient à supposer un second mode de génération. Le développement de ces organes femelles ne diffère en rien de ce que nous avons décrit dans le *Saprolegnia monoïca*, les perforations mêmes s'y retrouvent, et tous ces faits avaient été parfaitement décrits et figurés par M. Thuret, jusqu'à ces perforations mêmes. Quant aux anthéridies, ce paraissent être des cellules qu'on rencontre sur de petites plantes distinctes de celles qui portent les sporanges et dans lesquelles se produisent des corpuscules qui ont évidemment la forme des anthérozoïdes. Ils consistent en petits corps ovoïdes de $0^{mm},008$, pourvus de deux cils vibratiles et se mouvant avec assez de rapidité. On peut admettre avec grande vraisemblance, suivant l'opinion de M. Pringsheim, que ce sont réellement des corps fécondants, car ils ne se rencontrent que dans les espèces à sporanges non entourés d'anthéridies ; cet auteur s'est d'ailleurs assuré qu'ils sont incapables de germer, ce qui empêche de pouvoir les confondre avec des Zoospores, dont leur petit volume les rend en outre bien distincts. Quant à la façon dont ils gagnent la spore primordiale, le fait n'a point encore été observé, mais ce que nous avons décrit dans des cas analogues, en particulier dans le genre *Sphæroplea*, nous fait suffisamment comprendre qu'ils pénètrent par les ouvertures de la paroi du sporange.

Dans le genre *Pythium*, très-voisin du précédent et dont les espèces vivent en parasites sur diverses plantes aquatiques, et en particulier dans les cellules de quelques Algues synsporées, les phénomènes de la génération sexuelle dans la seule espèce où ils soient connus, le *Pythium monospermum*, sont très-analogues à ce que nous avons décrit chez le *Saprolegnia monoïca*. Dans le voisinage du sporange, qui ici n'est pas toujours terminal et ne contient qu'une spore primordiale, se développent un ou deux filaments à l'extrémité desquels se trouve l'anthéridie qui s'applique contre l'organe femelle et y fait pénétrer un prolongement par des ouvertures qui se sont produites à cet effet. Le petit nombre d'anthéridies permet fort bien de constater que ces ouvertures pouvant se former également dans des points où il n'y a pas contact de l'organe mâle, elles sont bien dues réellement à la constitution même de la paroi du sporange.

Chez les végétaux marins du groupe qui nous occupe, et en particulier chez les *Fucus*, la taille relativement beaucoup plus considérable des individus entraînant dans les organes de la reproduction un développement proportionnel, ceux-ci ont de tout temps été signalés par les naturalistes. Les travaux descriptifs de MM. Decaisne et Thuret (1844), ceux de MM. Derbès et Solier (1850), en firent connaître la structure avec une précision telle qu'au point de vue anatomique des faits de détails seuls ont pu, depuis, y être ajoutés. Quant aux usages physiologiques, ils étaient encore fort obscurs lorsqu'en 1853 M. Thuret fit connaître ses expériences sur la fécondation chez le *Fucus vesiculosus,* expériences qui furent la première notion positive sur la reproduction sexuelle des Algues, et qui doivent être regardées comme le point de départ de toutes les recherches postérieures dont plusieurs ont déjà été exposées plus haut.

Dans les *Fucus* les organes de la reproduction sont situés dans des cavités placées sur des points de la fronde variés suivant les espèces et auxquelles on a donné le nom de *Conceptacles.* Elles sont exactement closes de toutes parts, sauf en un point où existe un petit pertuis nommé *ostiole*, par lequel doit s'effectuer la sortie de la matière contenue. Dans le conceptacle se trouvent trois sortes d'organes, les *sporanges* (auxquels on donne parfois, à tort, le nom de spores), les *anthéridies* et les filaments cloisonnés qu'on pourrait nommer *paraphyses*. Ces derniers ne sont que des productions de cellules dont le rôle, dans les phénomènes qui nous occupent, est accessoire et se borne au plus à aider à l'issue des deux premières espèces d'organes qui, eux, agissent activement dans la reproduction.

Les organes femelles, sporanges, et les organes mâles, anthéridies, peuvent être placés dans le même conceptacle, et la plante est dite hermaphrodite; tantôt alors ils sont irrégulièrement entremêlés les uns avec les autres (*Pelvetia canaliculata*), d'autres fois ils affectent une disposition régulière, les sporanges se trouvant par exemple au fond de la cavité, tandis que les anthéridies se groupent au pourtour de l'ostiole (*Cymaduse tuberculata*). D'autres fois le conceptable ne renferme qu'une espèce de corps reproducteur, et la plante peut alors être monoïque (*Fucus nodosus*) ou dioïque (*Fucus serratus*). Ces dernières espèces ont été le plus habituellement l'objet des expériences sur la fécondation, la disposition des organes donnant de grandes facilités pour les effectuer.

Si l'on examine le développement des organes femelles, dans le *Fucus vesiculosus* par exemple, on voit que le sporange dérive de la prolifération de certaines cellules de la paroi du conceptacle, qui prennent un développement assez rapide. Elles se divisent bientôt, par une cloison horizontale, en deux cellules superposées; la cellule basilaire ne s'accroît pas, et sert simplement de point d'attache à la supérieure dans laquelle vont se passer les phénomènes principaux. Le premier consiste dans l'accumulation d'une matière verdâtre opaque, qui distend considérablement sa cavité en lui faisant prendre une forme plus ou moins sphérique. On voit vers cette époque apparaître huit noyaux, autour desquels la substance ne tarde pas à se segmenter, de manière à former autant de cellules de formes polyédriques par suite de la pression qu'elles exercent les unes sur les autres; ce sont autant de spores primordiales qui tendent de plus en plus à devenir parfaitement sphériques.

La paroi du sporange est double : la membrane externe a reçu le nom de *périspore*, l'autre le nom d'*épispore*; cette dernière paraît en connexion intime avec les huit spores incluses. En effet, au moment de la déhiscence, le périspore venant à se fendre, les corpuscules contenus n'en sortent pas moins en une seule masse, réunis qu'ils sont par l'épispore. Si cette masse se trouve en contact avec l'eau de mer, on ne tarde pas à voir l'épispore se dissoudre sur un point de sa circonférence, et les spores faire hernie à l'extérieur avec une troisième membrane ténue, hyaline, qui paraît former un sac cloisonné en autant de loges qu'il y a de spores. Cette dernière tunique adhère assez intimement à l'épispore, pour qu'en sortant elle retourne celui-ci comme un doigt de gant; elle ne tarde pas à se dissoudre, et met ainsi en liberté les spores primordiales qu'elle contient. Celles-ci se présentent alors sous la forme de petites sphères homogènes, parfaitement régulières, d'un diamètre de $0^{mm},06$ à $0^{mm},07$, et dépourvues de membrane, suivant M. Thuret et M. Pringsheim.

Dans les conceptacles mâles, on voit se développer à la base des paraphyses surtout, mais aussi à une certaine hauteur sur elles, des cellules allongées, ovoïdes, renfermant d'abord un contenu granuleux qui ne tarde pas à s'organiser en corpuscules doués de mouvement, qui ne sont autre chose que les anthérozoïdes; chaque cellule est donc une véritable anthéridie; elle est formée, comme le sporange, de deux membranes: l'extérieure, qui se rompt au moment de la déhiscence, et laisse échapper les anthérozoïdes enveloppés d'une seconde membrane qu'on peut comparer à l'épispore, mais bien plus ténue et fugace, qui se détruit avec une grande facilité, en laissant les corpuscules fécondateurs nager librement dans le liquide qui les entoure. Ceux-ci sont ovoïdes, ils présentent un point rouge bien visible, et deux cils vibratiles dirigés l'un en avant, l'autre en arrière, et d'inégale longueur; le plus court paraît placé à l'extrémité la plus étroite qui se dirige toujours en avant, et que nous avons appelée le rostre ; le second s'insère sur le point rouge et traîne derrière l'anthérozoïde.

Les organes sexuels une fois connus, il nous reste à étudier l'action réciproque des uns sur les autres, et les conditions de dioïcité du *Fucus vesiculosus* rendent les expériences faciles et démonstratives. Si on examine, surtout pendant l'hiver, des frondes de cette plante non immergées, mais dans une atmosphère humide, conditions qui se trouvent ordinairement réalisées lors du reflux, on ne tarde pas à voir les ostioles des conceptacles donner issue aux organes qu'ils contiennent, spores entourées de l'épispore d'une part, anthérozoïdes de l'autre ; on peut supposer que la dessiccation de la fronde, la disposition des paraphyses, sont la cause effective de ce phénomène. Les corpuscules forment alors sur les conceptacles des petits amas verdâtres pour les spores, orangés pour les anthérozoïdes, et on peut, en les examinant au microscope, reconnaître très-facilement leur composition. Il est également possible, en les conservant isolés pendant un certain temps, de reconnaître que les corpuscules mobiles sont incapables de germer et ne sont donc pas des zoospores, ce que MM. Decaisne et Thuret avaient démontré dès 1844, et aussi que les spores primitives se décomposent au bout d'un certain temps sans germer ni présenter aucun des phénomènes dont nous allons avoir à nous occuper.

Si l'on examine une portion de chacune des matières verte et orangée placées dans une petite quantité d'eau de mer, on ne tarde pas à voir les spores primitives d'une part, les anthérozoïdes de l'autre, en liberté dans le champ du microscope; ces derniers s'agitent avec beaucoup de vivacité et se rendent sur les spores en si grand nombre que s'ils atteignent celles-ci encore renfermées dans la membrane hyaline intra-épisporique, avant la déhiscence complète, ils peuvent arrêter ce phénomène en formant un revêtement qui sans doute empêche l'action de l'eau sur la membrane. S'ils rencontrent les spores primitives libres, ce qui est le cas ordinaire, ils se fixent sur elles par leur rostre d'abord, puis par le côté; le long cil vibratile se portant toujours à l'extérieur, l'ensemble de ceux-ci forme une sorte de couronne rayonnante agitée d'un mouvement de trépidation qui ne tarde pas à se communiquer à la sphère enveloppée, laquelle se met à tourner sous les yeux de l'observateur avec une grande rapidité. Cette rotation qui est fort habituelle ne paraît pas cependant indispensable à la fécondation; elle se fait dans le sens où le plus grand nombre de cils sont dirigés, de sorte que si, pendant que le phénomène a lieu dans un sens, de nouveaux anthérozoïdes viennent s'adjoindre aux premiers, on peut voir la spore s'arrêter un instant puis tourner en sens inverse. Au bout d'un certain temps, la rotation diminue d'activité et finit par cesser complétement. La durée de ce phénomène est d'environ une demi-heure. Des changements importants se passent alors dans la

spore primordiale, qui devient la spore proprement
dite ; le premier consiste dans l'apparition d'une
membrane nettement limitée. M. Thuret a donné un
moyen qui nous paraît très-propre à rendre ce
phénomène visible, c'est l'emploi du chlorure de
zinc. Cette substance a la propriété de resserrer en
quelque sorte la substance de la spore, de manière
à en faire exsuder une sorte de mucilage qui paraît
servir de substratum à la matière verte. Si l'on fait
agir ce réactif avant la fécondation, le mucilage
apparaît sur les bords de la sphère et y forme des
prolongements qui s'étendent irrégulièrement dans
toutes les directions. Dix minutes seulement après
le contact des corps fécondants, la matière mucilagineuse se trouve visiblement empêchée dans sa
diffusion par une membrane qu'elle soulève régu-
lièrement tout autour de la sphère. Cette membrane
s'épaissit de plus en plus et finit par être facilement perçue sans l'action d'aucun réactif.

Ici se présente encore la question de savoir si
l'anthérozoïde agit par contact ou doit se fondre et
pénétrer dans la spore. M. Thuret penche pour la
première de ces opinions, bien que dans une lettre
publiée en 1859, dans les *Annales des sciences naturelles*, ce savant paraisse moins affirmatif.
M. Pringsheim, au contraire, croit à la fusion des
deux substances, et se fonde surtout sur la présence constatée par lui de granules rouges sous la
membrane de la spore, granules qui ne lui paraissent pouvoir se rapporter qu'aux corpuscules ana-

logues qu'on voit dans les anthérozoïdes ; le reste de la substance de ceux-ci aurait disparu pour accomplir la fécondation. Sans se prononcer actuellement entre deux aussi habiles observateurs, on ne peut cependant nier que les faits connus dans d'autres végétaux analogues donnent un grand poids à l'opinion de M. Pringsheim.

Les spores une fois fécondées, le végétal se reproduit directement sans formation intermédiaire de zoospores.

Dans les autres Fucacées, les phénomènes fondamentaux paraissent identiquement comparables, la disposition des organes seule offrant certaines différences accessoires sur lesquelles nous ne croyons pas devoir nous appesantir. Notons toutefois que la fécondation ne s'opère qu'entre les produits d'une même espèce, ce que les expériences de M. Thuret démontrent évidemment.

Chez les Floridées, les phénomènes de la fécondation sont beaucoup moins bien connus que dans les groupes précédents. Les organes de fructification sont triples ; les uns fournissent des corps reproducteurs au nombre de quatre dans chaque cellule, auxquelles on a donné pour cette raison le nom de *tétraspores*. Chacun d'eux est susceptible de germer et de reproduire directement la plante ; ce seraient donc les analogues physiologiques des zoospores. Dans d'autres organes dits *anthéridies* se trouve une grande quantité de corpuscules qu'on regarde comme des anthérozoïdes, mais dont l'usage est loin d'être bien connu; ils sont privés de mouvement, transparents, sphériques ou discoïdes. Enfin, dans de véritables conceptables se rencontrent d'autres corps qui sont peut-être les organes femelles, spores ou sporanges; cependant ils paraissent susceptibles de germer spontanément; M. Pringsheim ne serait pas éloigné de supposer qu'ils produisent les organes femelles par une végétation secondaire, comme nous verrons plus tard cela se produire chez des cryptogames plus élevées. Ces notions, on le voit, sont très-vagues, et bien que la nature des organes fasse présumer l'existence des sexes chez les Floridées, de nouvelles recherches seraient indispensables pour fixer ce point de la science; ce doute, au reste, se retrouve dans les deux ordres que nous allons maintenant examiner.

CHAPITRE II.

LICHENS.

Sous le point de vue descriptif, les végétaux dont nous avons maintenant à parler ont été l'objet de travaux nombreux et importants, mais, malgré l'étude attentive qu'on a faite de leurs organes reproducteurs, les phénomènes de la fécondation, quelque probable qu'elle soit, doivent être regardés comme étant encore complétement inconnus; aussi serons-nous bref en ce qui les concerne.

On voit à la surface des plaques foliacées coriaces qui composent les Lichens et qu'on connaît sous le nom de *thalles*, trois sortes d'organes regardés comme servant à la reproduction :

1° Les Apothécies.
2° Les Spermogonies.
3° Les Pycnides.

Les premiers et les troisièmes fournissent sans aucun doute des corpuscules qui peuvent reproduire la plante; les seconds sont considérés comme formateurs des éléments mâles.

Les *apothécies* sont généralement regardées comme étant les véritables organes femelles. Ce sont des cavités comparables au conceptacle des *Fucus,* ayant une paroi distincte du tissu ambiant et à laquelle on donne le nom d'*hypothecium*. Le contenu comprend les *paraphyses* et les *thèques*. Les premières consistent en des filaments cloisonnés qu'on a pris à tort pour des organes mâles, mais qui ne sont que des produits celluleux destinés sans doute à favoriser la dissémination des spores ; leur ensemble a été nommé *thalamium*. Les *thèques* se trouvent placées entre les paraphyses ; ce sont les organes essentiels de la reproduction ; leur forme est généralement celle d'une cellule allongée ovoïde, renfermant un nombre plus ou moins considérable de spores. Celles-ci paraissent se former simultanément dans tout le blastème épanché dans la cellule, au moins quand elles sont peu nombreuses. A l'état de maturité, c'est-à-dire possédant la propriété de germer, elles se composent d'un contenu homogène et de deux tuniques, l'*épispore* et l'*endospore*. Les paraphyses et les thèques, à la réunion desquelles les cryptogamistes donnent le nom de *thecium*, en appelant la couche la plus superficielle *epithecium*, sont unies par une sorte de mucilage destiné sans doute à faciliter le glissement des parties lorsque les spores doivent sortir du conceptacle ; on l'appelle *gélatine hyméniale*. On trouve encore dans les apothécies des corps qu'on rencontre aussi dans la couche moyenne du thalle et qu'on appelle *gonidies* ; mais ils ne paraissent pas servir spécialement à la reproduction.

Les *spermogonies* ont la structure générale des apothécies ; dans un *conceptacle* on trouve des filaments cloisonnés dits *stérygmates,* comparables aux paraphyses, et des corpuscules appelés *spermaties,* qu'on regarde comme représentant les corpuscules fécondants et comparables aux spores. L'agencement de ces parties n'est cependant pas le même absolument, attendu qu'ici les spermaties ne sont contenues dans rien que l'on puisse comparer aux thèques et naissent directement à la surface des stérigmates. Nous avons vu, au reste, quelque chose d'analogue dans la disposition des anthéridies et des sporanges, par rapport aux paraphyses, chez le *Fucus vesiculosus.*

Les *pycnides* ont été considérées par certains auteurs comme des parasites, mais M. Tulasne, en 1852, a parfaitement démontré que cette opinion n'était pas vraisemblable et qu'il fallait y voir des organes sporigènes supplémentaires. Ce sont encore des conceptacles dans lesquels se trouvent des organes susceptibles de germination et supportés sur une seule cellule basilaire, d'où le nom de *stylospores* qui leur a été donné.

Quelle est maintenant la valeur réelle de ces différents organes? Jusqu'ici on n'a pu mettre en avant que des hypothèses plus ou moins probables, mais aucune observation probante n'ayant été citée, nous croyons devoir passer légèrement sur ce sujet.

La ressemblance des thèques avec les sporanges de diverses cryptogames est évidente, mais les spores qu'elles contiennent doivent-elles être rapportées à des bourgeons mobiles, comme les zoospores, ou à des spores fécondées? En tout cas, cette fécondation doit s'opérer de très-bonne heure, car la germination possible des spores à l'intérieur des thèques encore retenues dans l'apothécie et intactes n'est pas douteuse.

Quant aux fonctions probables des *spermaties,* on invoque leur non-faculté germinative, fait qui paraît bien constaté, puis leur forme, leur couleur, leur transparence, leur petitesse, leur nombre, etc. Ce ne sont que des probabilités. Le seul fait que l'on puisse réellement invoquer est celui de certaines espèces, telles que le *Sticta limbata,* le *Sticta aurata,* et quelques autres qui, dioïques et n'ayant pas en Eurppe d'individus à spermogonies, ne donnent pas de fruits, tandis qu'en Amérique ils en produisent. Ce fait, s'il se généralisait, serait sans doute d'un très-grand poids.

Dans ces dernières années, M. Karsten (1860) crut, dans le *Cœnogonium andinum,* avoir trouvé le véritable mode de fécondation des Lichens. Pour lui, autour de l'apothécie naissaient des filaments comparables à ceux du *Saprolegnia monoïca,* lesquels fournissaient les éléments fécondants. M. Nylander, dont la compétence en un pareil sujet ne saurait être contestée, a montré que M. Karsten avait pris pour une apothécie naissante un jeune rameau; ces observations ne méritent donc pas d'être prises en considération, ce seul fait les infirmant complétement.

CHAPITRE III.

CHAMPIGNONS.

Les Champignons sont peut-être de tous les végétaux cryptogames ceux sur lesquels l'attention s'est portée le plus tôt, et on a cherché à toutes les époques à trouver l'explication de leur reproduction. La façon dont un grand nombre, et qui peuvent atteindre des dimensions considérables, apparaissent en quelque sorte subitement, était faite pour frapper vivement les observateurs les moins exercés ; aussi, dans les écrits des plus anciens naturalistes, Théophraste, Pline, Dioscoride, les trouvons-nous très-clairement mentionnés. Ces auteurs n'y voyaient qu'une viscosité née de la putréfaction, et ces idées de génération spontanée ont toujours été en grande faveur relativement à l'origine de ces végétaux ; Morison les regardait comme produits par un mélange de soufre avec la graisse de la terre ; Dillen les désignait sous le nom de plantes nées d'une fermentation putride ; Necker les croyait une nouvelle réunion des éléments organiques ou du tissu cellulaire des végétaux, et voulut en faire un règne à part sous le nom de *Règne mésimal;* de nos jours, au reste, on a pu voir que ces théories comptaient encore quelques rares partisans. Cependant, dès ces époques, d'autres observateurs, Tournefort, Micheli, Haller, etc., admettaient la propagation de ces végétaux par semences. Maintenant ces idées peuvent être regardées comme hors de toute contestation, et les travaux de MM. Thuret, L.-R. et C. Tulasne, Léveillé, Montagne, etc., ont clairement montré que la difficulté n'était pas d'expliquer comment pouvaient se propager les Champignons, mais plutôt d'interpréter les différents usages des nombreux corps reproducteurs dont sont pourvus ces végétaux.

Nous n'essayerons pas d'entrer dans le détail descriptif des nombreux appareils existant dans les différentes plantes de ce groupe, d'autant plus qu'au point de vue spécial de la reproduction sexuelle nous en tirerions peu de renseignements. Chez les Hypoxylés (*Sphœria, Melanconium*, etc.), M. Tulasne décrit quatre organes de reproduction : les *conidies*, dont la nature comme corps susceptibles de germination paraît très-évidente ; les *stylospores* contenus dans les *pycnides* et comparables peut-être aux parties ainsi dénommées des Lichens; ces deux espèces d'organes sont sans doute des bourgeons mobiles, et rien n'y fait supposer une action fécondante préalable ; les *spermaties* renfermées dans les *spermogonies*, corps qui, malgré leur nom, ne doivent pas être considérés comme étant certainement les organes mâles, mais qui cependant ne paraissent pas susceptibles de germer, au moins dans les circonstances ordinaires ; enfin les véritables *spores endothèques,* qui peuvent, par analogie, être rapprochées de celles des Lichens et sont peut-être des corps fécondés. Ici, comme chez les plantes précédemment étudiées, la germination dans l'intérieur des thèques n'est pas douteuse.

Au reste, toutes les questions relatives aux usages de ces organes sont encore compliquées de difficultés très-grandes résultant de confusions sur la nature et la réalité de certaines espèces. En effet, on a décrit comme végétaux parasites de certains Champignons leurs organes de fructification ; c'est un point sur lequel M. Tulasne a particulièrement insisté.

Enfin, une considération que l'on ne doit pas perdre de vue, c'est que la faculté germinative devant probablement exister dans toutes les parties de ces végétaux inférieurs à un degré plus ou moins développé, on pourait être tenté de prendre pour des fructifications à bourgeons mobiles des parties qui ne méritent pas ce nom à proprement parler. Il faut, au reste, convenir que ces choses sont si connexes, qu'en théorie on peut regarder leur distinction comme purement arbitraire. C'est sans doute à ces causes qu'il faut attribuer les dissidences qui partagent souvent d'éminents cryptogamistes dans la description des organes d'un même végétal ; ainsi, pour les *Erysiphe,* M. Tulasne admet trois sortes d'organes reproducteurs, tandis que M. Berkeley en décrit cinq.

Quels sont de tous ces organes ceux qu'on peut regarder comme pouvant être rapportés à la génération sexuelle ? Cette question, dans l'état actuel de la science, est complétement insoluble. On peut dire que les appareils à spores endothèques, lorsqu'ils existent, sont de tous les organes ceux qui rappellent le plus les organes femelles, mais ce n'est qu'une simple analogie. Quant aux organes mâles , ils paraissent complétement inconnus. M. Thuret, dans ses recherches sur les anthéridies (1851), dit avoir examiné avec M. Léveillé sur le mycelium des *Erysiphe* « de petites vésicules pédicellées, aux- « quelles le rôle d'organe fécondant semble assez bien « convenir, » mais cette idée ne paraît pas depuis cette époque avoir été reprise par personne. Dans les champignons *basidiosporés*, on trouve entre les organes qui leur ont valu cette dénomination des cellules fort développées et très-différentes par leur forme de celles qui les avoisinent ; on a également voulu y voir des organes mâles (Corda) ; ce sont les *cystides ;* mais on doit les regarder comme des cellules végétatives hypertrophiées et n'ayant aucun rapport direct avec la génération : c'est l'opinion que semble admettre M. Léveillé et que partage M. de Seynes.

Avant de terminer, indiquons un fait avancé par M. A. de Bary, relatif à la germination des spores de quelques Champignons (*Cystopus candidus* , *C. cubicus, Peronospora devastatrix*. lesquels ne

donneraient pas directement naissance aux filaments du mycelium, mais se segmenteraient en
fournissant de véritables *zoospores* à cils vibratiles
et comparables à ceux des Algues, lesquels zoospores reproduiraient le végétal primitif. Or M. Tulasne, dans des espèces voisines, ayant décrit la
germination directe des spores, on serait tenté de
se demander s'il y a là quelque différence tenant
à ce que de ces corps reproducteurs les uns dérivent du végétal par bourgeonnement, tandis que les
autres seraient le résultat du concours des sexes.
Ce ne sont là que de simples hypothèses basées sur
l'analogie que présentent ces phénomènes avec
ceux qu'on remarque chez certaines Algues, et en
particulier sur le *Saprolegnia ferax*, qui d'ailleurs
présente tant de points de ressemblance avec les
véritables champignons.

Toutes ces questions ne pourront sans doute s'é-
lucider que quand, par l'étude des germinations,
comme celles tentées par M. de Seynes, on sera
arrivé à connaître d'une manière certaine le développement de ces végétaux : ce que nous allons voir
dans les familles suivantes nous montrera assez
quelle peut être l'importance de cette méthode.

CHAPITRE IV.

HÉPATICÉES.

Malgré leur petit volume, les végétaux dont nous devons parler actuellement ont depuis longtemps fixé l'attention des cryptogamistes, et d'importants travaux ont été publiés sur leur structure; aussi peuvent-ils être rangés parmi les mieux connus. Les organes de la reproduction présentent chez tous, dans leurs parties fondamentales, de grandes ressemblances, et aussi avec ceux qu'on rencontre dans les familles que nous allons avoir à examiner dès à présent; nous croyons donc devoir les décrire avec quelques détails.

Le *Marchantia polymorpha,* plante commune dans nos pays sur les sols humides et ombragés, nous servira de type. Les magnifiques recherches dont il a été l'objet et qui sont consignées dans le remarquable travail publié sur sa structure par M. de Mirbel en font la plante la mieux connue du groupe, surtout en y joignant les travaux postérieurs de MM. Bischoff, Thuret, Groenland, etc.

Ce végétal se présente sous l'aspect de lames vertes étendues horizontalement sur le sol, irrégulièrement lobées sur les bords; c'est ce qu'on ap-

pelle le *thalle*. Cette partie est généralement parcou-
rue par une sorte de nervure visible surtout en
dessous, où sa couleur est souvent un peu différente
de celle des parties avoisinantes; cette nervure,
arrivée à l'extrémité du thalle, se redresse en une
petite tige cannelée sur le côté qui correspond à la
face inférieure, et supportant à son extrémité une
sorte de chapeau, de disque lobé ou découpé sur les
bords; c'est là que se trouvent les organes sexuels
mâles ou femelles. Outre ce mode de reproduction,
la plante a ce qu'on peut appeler des bourgeons,
lesquels se produisent sans le concours des sexes.

Les disques mâles qui sont portés sur des pieds
distincts, car la plante est dioïque, sont simplement
lobés sur les bords, sans profondes découpures;
leur face supérieure est concave et criblée à la maturité d'un très-grand nombre de petites ouvertures
dont nous comprendrons plus tard l'usage. Ce disque a la structure du reste du végétal; c'est un
amas de cellules revêtu d'une cuticule bien nette et
présentant à sa surface des stomates sur la struc-
tures desquels M. de Mirbel a particulièrement insisté; leur présence entraîne celle de vastes méats
intercellulaires placés au-dessous d'eux. Mais ce qui
caractérise l'individu, ce sont des cavités en forme
de bouteilles dont le fond serait tourné vers la face
inférieure du chapeau, tandis que le goulot est en
rapport avec la face opposée; ces organes, dans
lesquels se forment les éléments fécondateurs
mâles, sont les *anthéridies* (*Zoothèques,* Gottsche).

Si on les suit dans leur développement, on voit, dans les points où ces corps doivent apparaître des amas de cellules se distinguer par la nature de leur contenu; peu à peu, autour de ces amas, les cellules du parenchyme forment une enveloppe propre, distincte en ce que les éléments qui la constituent sont dépourvus d'endochrome. Les cellules contenues se présentent alors sous la forme de petits utricules cubiques dans lesquels se trouvent un corpuscule qui n'est autre chose qu'un *anthérozoïde* (*Phytozoaire*, Gottsche). Tantôt ce corpuscule sort de sa cellule formatrice dans l'intérieur même de l'anthéridie, tantôt il est expulsé avec elle, mais dans ce cas il ne tarde pas à la rompre et se meut alors en liberté. Le contenu de l'organe mâle est projeté au dehors par une ouverture qui se fait à l'extrémité du goulot de l'espèce de bouteille dont nous avons parlé, et ce sont précisément ces ouvertures qui forment à la face supérieure du chapeau ces petits pertuis que nous avons signalés plus haut. Les anthérozoïdes ont une forme un peu différente de ceux que nous avons décrits chez les Algues; ils sont beaucoup plus allongés, effilés et terminés par deux soies de très-grande dimension; avant leur issue hors de la cellule productrice, ils sont roulés en hélice dans son interieur. Leur vivacité est extrême, et M. Thuret dit n'avoir pu les figurer qu'après leur dessiccation.

Les chapeaux où se trouvent les organes femelles diffèrent au premier coup d'œil des précédents par les profondes découpures qui les partagent en lanières épaisses et arrondies à leur face supérieure ; le disque, pris dans son ensemble, a aussi une autre forme, sa face supérieure étant convexe. Leur structure générale est, au reste, celle que nous avons décrite en parlant des organes mâles. C'est à la partie inférieure des lanières que se trouvent les organes femelles auxquels on peut donner le nom de *sporanges*. M. de Mirbel a décrit leur développement avec grand détail. C'est d'abord une masse celluleuse verte qui ne diffère guère, du reste, du tissu, et qu'on doit à cette époque appeler *archégone* ; elle contient la spore primordiale. La forme générale est aussi celle d'une bouteille, mais renversée. Les utricules de la périphérie se soudent entre eux de manière à former une membrane qui limite l'organe, sauf à la partie libre, où se trouve une ouverture, tandis que les cellules centrales disjointes subissent des modifications très-différentes, suivant le rôle qu'elles sont appelées à jouer. Les unes s'allongent considérablement et prennent une couleur sombre ; on voit à leur surface se dessiner une ligne spirale, indice d'une division qui partage bientôt la cellule en deux filaments entortillés l'un avec l'autre ; on leur a donné le nom d'*élatères*, et leur usage est sans doute relatif à la dissémination des autres cellules renfermées également dans le sporange. Celles-ci ont subi des changements d'une toute autre nature ; leur contenu s'est partagé en deux, puis en quatre parties qui s'entourent d'une

membrane propre et s'isolent bientôt par résorption de la cellule mère ; elles se trouvent alors libres
au milieu des élatères, ce sont les spores. Ces corpuscules reproducteurs susceptibles de germer se
composent de deux tuniques renfermant un contenu
homogène.

Outre l'enveloppe dont nous avons parlé, le sporange est entouré, dans quelques espèces, de plusieurs autres membranes connues sous les noms
de *périgone*, de *périchèse*, parties dans lesquelles
M. Bischoff a voulu voir l'analogue du périanthe
des fleurs phanérogames.

On trouve encore à la surface du thalle des organes d'une forme très-élégante connus sous le
nom de *corbeilles* (Scyphules). Lors de leur matu-
turité, on voit dans leur intérieur des corps verdâtres composés d'un assez grand nombre de cellules et supportés par une cellule basilaire plus
développée. Ces organes, comparables aux stylospores des lichens, sont également capables de germer et de reproduire la plante, mais sans doute
comme bourgeons, c'est-à-dire sans fécondation
préalable.

Les organes sexuels dans les autres Hépaticées
présentent d'assez nombreuses modifications qui
portent surtout sur des différences de position. Les
organes femelles présentent une forme à peu près
constante, leurs enveloppes seules diffèrent ; toujours ils sont renflés à la base et surmontés d'un
tube plus ou moins long, ce qui depuis longtemps

les avait fait comparer aux ovaires des phanérogames; tantôt seulement la partie qu'on peut désigner sous le nom de style est dirigée en bas, comme
dans les *Marchantia*, tantôt au contraire dans une
position inverse. Les anthéridies peuvent être iso-
lées, soit pédicellées, comme chez le *Fossombronia
pusilla*, soit placées dans l'épaisseur du thalle sous
la cuticule, comme dans le *Pellia épiphylla*; ou bien
elles sont groupées et portées sur un pédoncule,
comme dans les *Marchantia*, ou sessiles, comme dans
le *Targionia hypophylla*.

Tous les cryptogamistes paraissent d'accord sur
la nature des organes que nous venons de décrire,
et cependant, pour constater d'une manière réelle
le phénomène de la fécondation, peu d'expériences
paraissent avoir été instituées d'une manière scien-
tifique.

La structure de l'anthéridie et les anthérozoïdes
qu'elle produit ne peuvent laisser douter qu'il ne
faille y voir un organe mâle qui suppose par suite
l'organe femelle. Or des deux organes qui peuvent
fournir des corps susceptibles de reproduire la
plante, comme le prouvent les germinations, un
seul paraît réellement représenter ce dernier, c'est
celui qu'on appelle *sporange;* sa structure, ses rapports même de développement, de forme et de position avec les anthéridies sont suffisants pour jus-
tifier ce rapprochement, et d'ailleurs M. Hofmeister a observé des anthérozoïdes sur les fleurs à
archégones des Jungermannes. Quant aux cor-

beilles, on ne saurait y voir autre chose que des appareils de végétation bourgeonnants.

Mais comment s'effectue la fécondation, surtout lorsqu'on songe aux difficultés que présente la position réciproque des organes dans des végétaux tels que le *Marchantia,* où les organes se développent sur des individus différents, où les organes femelles ayant l'orifice placé inférieurement, sont en outre élevés sur un long pédicule ? Comment les anthérozoïdes pourront-ils se mettre en rapport avec les spores primitives? Ce que nous allons voir dans le groupe suivant nous donnera la solution probable de ces difficultés. On peut préjuger que l'action de l'eau doit jouer un grand rôle dans ces phénomènes, les anthérozoïdes paraissant ne pouvoir se mouvoir que dans un liquide ; des faits que nous aurons l'occasion de citer dans d'autres familles le prouvent suffisamment. Le développement de la plante est d'ailleurs assez connu pour qu'on puisse être certain, surtout depuis les travaux de M. Groenland (1854) sur la germination des Hépatiques, qu'il ne se produit à aucune époque un procembryon sexué semblable à ceux que nous aurons plus tard à décrire.

CHAPITRE V.

MOUSSES.

Les Mousses méritent d'autant plus d'intérêt, au point de vue de la reproduction, que c'est d'après la considération des organes de ces végétaux que, pour la première fois, Hedwig a cherché à établir que la fécondation existait chez les Cryptogames comme chez les Phanérogames, et qu'on trouvait chez les uns comme chez les autres des organes mâles et femelles jusqu'à un certain point comparables. Les travaux à la fois anatomiques et descriptifs de Bruch et Schimper, ceux de M. Unger, de M. Thuret, sont venus donner à cette idée une nouvelle sanction.

Les Mousses rappellent beaucoup par leur port les plantes plus parfaites phanérogames; on peut facilement leur distinguer une tige, une partie radiculaire et des feuilles qui présentent souvent des rudiments de nervure médiane. Ces caractères se poursuivent dans les enveloppes accessoires des organes de la reproduction sexuelle; on y trouve en effet des parties enveloppantes qui peuvent être rapprochées des enveloppes florales, et s'écartent notablement des appareils protecteurs que nous

avons vus dans les groupes précédents, sauf les Hépatiques. Ce sont les feuilles qui les constituent;
ordinairement on en trouve d'extérieures, réunies
en verticille et qui diffèrent peu des feuilles cauli-
naires; elles constituent ce qu'on appelle le *péri-
chèze;* plus intérieurement s'en trouvent trois ou
six petites, modifiées, moins colorées et qui constituent le *périgone;* celui-ci est dit *gemmiforme* ou
discoïde, suivant que les parties qui le composent
ont une tendance à s'imbriquer comme les feuilles
d'un bourgeon, ou s'étalent. Dans certains cas il
peut manquer, et les organes de la reproduction
sont dits *nus.*

Dans ces enveloppes se trouvent les organes
mâles désignés sous le nom d'*anthéridies,* et les organes femelles appelés *archégones;* les fleurs peuvent être hermaphrodites ou unisexuées, ce qui a
lieu le plus ordinairement, et dans ce cas il peut y
avoir monœcie ou diœcie : ce dernier cas étant le
plus favorable à l'étude des organes reproducteurs,
c'est celui que nous examinerons en prenant pour
type le *Polytrichum commune.*

Dans cette plante, les organes mâles sont placés
au sommet de la tige dans une cupule formée par
le périgone; on doit remarquer que ce bourgeon
floral ne termine pas la croissance du végétal, car,
après la destruction des organes fécondateurs, du
fond de la coupe part un nouveau bourgeon qui
porte à son sommet une nouvelle inflorescence
mâle, de telle sorte que, sur une plante un peu

âgée, on peut distinguer plusieurs collerettes éta-
gées les unes au-dessus des autres, et qui ne sont
autre chose que les périgones des fleurs succes-
sives.

Dans cette cupule se trouvent les anthéridies
dont la forme est celle de boyaux allongés soute-
nus sur un pédicule rétréci, et présentant de fines
ponctuations en longues séries longitudinales tant
que la déhiscence ne s'est pas accomplie. Entre ces
corps se trouvent des filaments cloisonnés formés
de cellules placées bout à bout sur un seul rang,
sauf à l'extrémité, qui est renflée et composée d'un
certain nombre de cellules placées les unes à côté
des autres ; ces filaments, appelés *paraphyses,* sont
comparables à ceux que nous avons décrits sous le
même nom dans les végétaux précédents. On n'est
pas d'accord sur leur origine, les uns voulant y
voir des feuilles modifiées par métamorphose as-
cendante, d'autres des anthéridies arrêtées dans
leur développement, et par suite en métamorphose
descendante ; enfin on a voulu les comparer aux
nectaires, mais on sait l'abus qu'on a fait de ce mot
à une certaine époque. La fonction de ces organes
dans les fleurs mâles est sans doute celle qu'on
admet dans les organes femelles pour les corps
analogues. Les anthéridies sont composées de deux
tuniques que M. Unger, dès 1837, a signalées. L'externe, revêtue par une cuticule, est composée de cellules allongées quadrilatères formant un réseau fort
élégant ; cette disposition est surtout bien visible

après la déhiscence ; l'interne est homogène, hyaline. Le contenu, composé dans l'origine de cellules transparentes résultant de la multiplication des
éléments primitifs du tissu par les procédés habituels
de génération cellulaire, forme une masse muqueuse
où la transparence des cellules empêche souvent de
les bien distinguer. Plus tard, le contenu de chacune d'elles s'organise, et lorsqu'elles sont projetées
hors de l'anthéridie, on voit qu'elles contiennent
un corpuscule enroulé sur lui-même qui ne tarde
pas à déchirer sa cellule mère, et se meut librement à l'extérieur comme les corpuscules analogues
du *Marchantia,* auxquels il est complétement analogue. C'est en effet un corps allongé contourné en
tire-bouchon et pourvu de deux longs cils vibratiles. M. Unger a étudié avec grand soin leurs mouvements et l'action de différents réactifs, tels que
l'alcool, les acides, qui les tuent rapidement, tandis
que l'opium, la stychnine, semblent seulement ra-
lentir leurs mouvements. Ce même auteur a observé que ces corpuscules conservaient toutes leurs
propriétés sur des mousses conservées pendant
plusieurs semaines dans une humidité convenable.
Enfin, un fait à noter, c'est que l'anthéridie expulse
son contenu par saccades et à des intervalles rapprochés.

Les organes femelles, à leur début, sont placés
dans des périgones fort analogues à ceux des fleurs
mâles. Au centre se trouvent des corps en forme de
bouteille à col très-allongé, de couleur verte, et

que leur aspect, dès l'abord, a fait comparer au pistil des plantes phanérogames ; on les appelle *archégones*. Ils sont entremêlés, comme les anthéridies, de filaments paraphysaires. Suivant les remarques de M. Schimper, l'usage de ces derniers pour la fécondation serait facilement explicable, ils auraient pour but de lubréfier et d'entretenir dans un degré d'humidité convenable les organes femelles. En effet, on les trouve ordinairement, et très-developpés, sur les plantes des endroits secs, tandis que les mousses qu'on rencontre sur les terrains humides en sont fréquemment privées.

Les archégones placés dans le périgone commencent par être très-simples dans leur structure ; c'est un amas de cellules offrant une cavité où se trouve la spore primordiale ; cette cavité communique librement avec l'extérieur par un canal qui parcourt toute la partie rétrécie. Un seul de ces organes, celui sans doute qui a pu être fécondé le premier, se développe ; les autres restent dans un état rudimentaire et disparaissent. Les changements que subit alors l'archégone sont très-remarquables et depuis longtemps avaient attiré l'attention des botanistes ; sans entrer dans tous les détails de cette question, nous devons l'indiquer brièvement.

La partie interne de l'archégone, ce que l'on peut regarder comme la spore primordiale fécondée, prend un grand accroissement, tandis que la partie externe dont l'ouverture s'est fermée ne représente plus qu'une simple enveloppe. Par suite du développement de la partie interne, cette enveloppe se rompt circulairement, de façon à former une sorte de cornet qui reste à la partie supérieure et qui prend le nom de *coiffe* ou *calyptre*, tandis que la partie inférieure, sous le nom de *vaginule*, subsiste comme une collerette à la base, et porte souvent à sa surface des appendices qui ne sont autre chose que les débris des archégones non développés. La calyptre n'a pas perdu pour cela sa vitalité, elle continue à s'accroître et peut se couvrir d'appendices variés. Les changements que subit la partie intérieure sont plus considérables : le plus frappant consiste dans l'élongation de la partie basilaire, qui s'allonge en un pédicule auquel on donne le nom de *soie*; la portion supérieure, qui grossit beaucoup, est appelée *urne*, en raison de la forme qu'elle prend habituellement; elle se partage elle-même en deux : une partie supérieure, appelée *opercule*; l'autre, à laquelle on applique plus particulièrement le nom d'*urne*. Celle-ci présente bientôt une différence de tissu très-frappante, et sur une coupe transversale on voit en son centre une première portion qui, se continuant dans toute la longueur, forme une colonne centrale appelée *columelle*; à l'extérieur se trouve la paroi de l'urne, qui, dans la suite du développement, se compose elle-même de plusieurs couches; enfin la partie intermédiaire est formée d'un tissu cellulaire dans lequel se passent des phénomènes très-importants. Les cellules, disposées généralement sur quatre rangs, se fractionnent chacune en deux, puis en quatre, et dans chaque division se forme un corpuscule à double enveloppe qui n'est autre chose que la spore de ces végétaux. Un peu plus tard, les parois de l'urne deviennent en un point le siége d'un travail organique fort curieux, mais sur lequel nous ne pouvons insister; l'opercule se soulève, et la dissémination des corps reproducteurs peut s'accomplir. Remarquons qu'autour de l'ouverture de l'urne, ouverture connue sous le nom de *péristome,* se trouvent une ou plusieurs couronnes de dents qui ont une certaine importance dans ce phénomène. En effet, en vertu de leurs propriétés hygroscopiques, ils se rapprochent et ferment l'ouverture pendant les temps humides, et s'écartent s'ils se dessèchent, de façon à ne permettre l'issue des spores que dans ce dernier cas, qui, sans doute, est le plus favorable à leur transport.

Les spores germent en produisant une sorte de proembryon qu'il vaudrait mieux appeler *protonema,* d'où naît par bourgeonnement simple un végétal semblable à la plante mère.

La famille des mousses présentant une très-grande homogénéité dans la disposition des parties fondamentales de ses organes de la reproduction, ce que nous avons dit du *Polytrichum commune* peut s'appliquer, à de légères modifications près, à toutes les plantes de ce groupe.

Les Mousses peuvent aussi se propager par des

bourgeons mobiles placés sur les feuilles, la tige, les racines, et connus sous le nom de *sporules*, d'*innovations*, de *tubercules*.

La fécondation chez ces végétaux ne peut être douteuse; outre la concordance qu'on remarque dans l'époque d'apparition des anthéridies et des archégones, outre la nature des produits de ces deux ordres d'organes, ce qui constitue déjà de grandes présomptions, des preuves physiologiques non contestables viennent s'y joindre. Tous les botanistes conviennent en effet aujourd'hui, depuis les recherches d'Hedwig et les faits apportés à l'appui par M. Schimper, que les espèces dioïques ne fructifient que quand des individus mâles croissent dans le voisinage des pieds portant les archégones.

L'époque à laquelle se fait cette fécondation peut se déduire de l'histoire du développement des organes femelles; c'est évidemment dans les premiers temps de leur formation. Le mode suivant lequel l'anthérozoïde se met en contact avec la spore primordiale est moins facile à comprendre; cependant le fait n'est plus niable depuis les recherches d'un observateur dont le témoignage ne peut être contesté, M. Hofmeister (1854), qui a « trouvé dans un archégone de *Funaria hygrometrica* des anthérozoïdes vivants qui avaient déjà parcouru le tiers de la longueur du col. » Il ne semblerait pas nécessaire d'ailleurs de croire que le corpuscule mâle descend, en quelque sorte volontairement, de la tige qui le supporte pour s'élever ensuite le long de la tige sur laquelle se trouve l'archégone, comme semble vouloir l'admettre M. Thuret; la projection brusque du contenu de l'anthéridie paraît pouvoir donner assez de chances pour qu'un de ces corpuscules soit transporté sur l'organe à féconder. Remarquons d'ailleurs que ces deux faits se passent dans des circonstances favorables pour l'un et pour l'autre élément reproducteur. La déhiscence des anthéridies a lieu par l'humidité; on l'observe particulièrement bien sous l'eau : or, si l'on réfléchit que, dans ces circonstances, amenées par la rosée d'une façon presque régulière, l'organe femelle doit lui-même être rempli de liquide, il suffit que l'anthérozoïde tombe sur un point quelconque du périgone pour pouvoir gagner la spore primordiale, comme nous avons vu le fait avoir lieu pour les Algues. D'ailleurs une seule fleur fécondée en ce moment assure la perpétuité de l'espèce, les spores des Mousses, produits de bourgeonnement et analogues jusqu'à un certain point des zoospores de certaines spores proprement dites, multipliant à l'infini le végétal après une seule fécondation.

CHAPITRE VI.

CHARACÉES.

Les plantes que nous avons à examiner maintenant sont plus simples que les précédentes ; on les rencontre habituellement dans nos eaux douces, et elles paraissent, suivant M. Alexandre Braun, ne devoir former qu'un seul genre, les *Chara*. Depuis longtemps leurs organes de reproduction sont connus, et nous y trouverons encore des anthéridies, des sporanges et un mode de reproduction asexuée par bulbilles.

Les *anthéridies*, d'une structure assez bizarre et élégante, ont été étudiées par MM. Bischoff, Meyer, Agardh, etc. Mais ce sont surtout les travaux de M. Thuret qui les ont fait connaître, et la disposition des cellules mères des anthérozoïdes permettant peut-être mieux que sur toute autre plante voisine d'examiner le développement de ces corpuscules, ce sujet présente un grand intérêt. Ces organes, dans le *Chara fragilis*, sont placés sur les parties latérales de la tige, au-dessous de ceux que nous décrirons plus bas sous le nom de *sporanges* ; ils se distinguent au premier coup d'œil des autres parties du végétal par leur teinte rougeâtre dépendant de la couleur de certaines parties de leur enveloppe. Examinés à un faible grossissement, ces corps, dont la grosseur est à peine d'un demi-millimètre, apparaissent comme de petits polyèdres sphéroïdes à huit faces. Celles-ci sont formées chacune d'une lame en triangle isocèle à sommet tronqué, élégamment festonnée sur les bords, ornée de ponctuations et de lignes blanches partant des angles rentrants des festons marginaux, mais s'arrêtant avant d'atteindre le centre du triangle. Au milieu de la face tournée du côté intérieur s'insère une cellule allongée qui supporte la lame; les huit supports se rassemblent au centre de l'anthéridie sur une masse celluleuse, laquelle elle-même est placée au bout d'une cellule qu'on doit regarder comme le pédoncule général de l'organe. Dans ces cellules, on peut observer des mouvements de circulation intra-utriculaire, sur lesquels M. Thuret a depuis longtemps attiré l'attention (1840).

Les lames triangulaires que nous avons décrites, encroûtées de carbonate de chaux, comme presque toutes les parties de la plante, sont couvertes, sur leur face interne de granules orangés qui, vus par transparence, donnent à l'organe sa couleur spéciale. De la masse celluleuse placée au centre de l'anthéride part, en outre des parties que nous avons mentionnées, une grande quantité de filaments transparents formés d'utricules quadrilatères, aplaties, placées les unes au-dessus des

autres, leurs surfaces larges étant en contact : c'est
dans l'intérieur de celles-ci que vont se développer
les anthérozoïdes.

On peut facilement observer la manière dont ils
se forment, grâce à la transparence du tube. Le contenu de chaque cellule consiste d'abord en un amas
granuleux discoïde ; plus tard, aux deux extrémités du plus grand diamètre, apparaissent deux
points plus réfringents ,transparents, cerclés de
noir ; ces points se multiplient de plus en plus
sur la circonférence, et finissent, en se réunissant,
par former le corps de l'anthérozoïde roulé sur
lui-même dans l'intérieur de l'utricule ; l'amas granuleux qui lui a donné naissance s'est résorbé pendant ce temps, ou plutôt a été absorbé par le corpuscule en voie de développement. C'est vers cette époque
que se fait la déhiscence ; les lamelles triangulaires
se recourbant en dehors sur leurs bords cessent d'être
en contact ; enfin elles se dissocient, et entraînent,
chacune à l'extrémité de leur pédicule, une portion
de matière celluleuse centrale, et avec celle-ci des
tubes à anthérozoïdes. Ces derniers s'agitent alors
énergiquement et finissent par se faire jour à travers les parois latérales des cellules qui les renferment ; une fois dégagés, ils se présentent comme
ceux des Hépatiques et des Mousses sous forme de
filament spiral ayant une extrémité effilée pourvue
de deux cils, et se déplaçant suivant un mouvement hélicoïde. M. Thuret a répété sur eux l'action
de quelques-uns des réactifs employés par Unger

sur les organes analogues des Algues, et a confirmé
la plupart des faits avancés par ce savant. La tein-
ture d'iode paraît être de toutes les substances
celle qui, en les tuant, les altère le moins, et doit
par conséquent être préférée pour étudier leur
structure.

Le développement des organes femelles paraît
avoir été l'objet de moins de travaux. Nous avons
déjà indiqué leur position par rapport aux organes
mâles au-dessus desquels ils sont situés. Quelques
feuilles aciculaires se trouvent également auprès et
au-dessous d'eux. Ils ont la forme d'une petite bouteille, d'abord ovoïde, allongée et à col court, ornée
de cinq côtes saillantes qui, au sommet, font saillie
en formant une couronne à cinq dents obtuses. Ces
côtes sont constituées par des tubes creux dont le
côté extérieur se détruit souvent, de telle sorte qu'à
la maturité de la spore il reste autant de gouttières
séparées par des angles solides aigus. L'extrémité
supérieure du sporange paraît d'abord ouverte,
puis elle se ferme, sans doute après la fécondation,
comme nous l'avons vu dans les Algues ; sa forme
devient alors beaucoup plus ventrue ; elle finit par
se détacher de la plante mère, et tomber au fond du
liquide. Ces graines sont fortement encroûtées de
sels calcaires, ce qui explique leur conservation
dans les périodes géologiques. Les spores se développent directement.

Un autre mode de génération des *Chara* mode que
M. Montagne a décrit complétement (1852), se fait

par des bulbilles qui, se développant tout autour de la tige, finissent par se souder en un corps discoïde qu'on peut comparer à un petit melon. Quand la tige se détruit, ces corps, mis en contact avec le sol, sont susceptibles de germer et de reproduire la plante mère.

Dans les différentes espèces, la structure des organes ne paraît pas s'écarter du type que nous avons décrit, la position des organes mâle et femelle seule offre quelques variétés; souvent, comme dans le *Chara fragilis*, les arthéridies sont placées au-dessous du sporange et sur le côté de la tige ; dans les *Nitella translucens* et *mucronata*, c'est l'inverse ; dans le *Nitella flexilis*, les deux organes sont placés l'un à côté de l'autre et terminaux ; enfin, dans le *Chara aspera*, le *Nitella syncarpa*, ils sont situés sur des pieds différents.

Les Characées étant des plantes aquatiques, le mode suivant lequel peut s'opérer le contact de l'anthérozoïde et de la spore primordiale n'offre aucune difficulté à comprendre, et ce que nous avons vu chez les Algues en donne une explication facile. Toutefois le phénomène n'a pas encore été constaté *de visu ;* cependant le fait peut être considéré comme démontré par les analogies et les probabilités. Nous n'avons pas besoin d'insister sur la similitude relative des organes mâles et femelles, sur la nature des produits qu'ils renferment ; mais un fait plus important est celui de la déhiscence des anthéridies comparée au développement du sporange. En effet, c'est lorsque celui-ci est encore allongé et de petite taille que les anthérozoïdes sont mis en liberté ; lorsque l'ovaire se gonfle et arrive à sa maturité, les organes mâles ont complétement disparu. Il est fâcheux, et cela n'a pas encore été fait à notre connaissance, qu'on n'ait pas tenté d'expériences positives sur les espèces monoïques.

CHAPITRE VII.

FOUGÈRES.

Dans les Fougères, les phénomènes de la reproduction sexuelle se compliquent encore davantage, et nous allons trouver une série de faits qui, au reste, auront leurs analogues dans les classes suivantes.

Les anciens botanistes ne soupçonnaient en aucune façon le mode de reproduction sexuelle de ces plantes, et l'on peut même dire qu'on devait être peu tenté d'aller chercher les organes réels de ce phénomène là où ils se trouvent, le développement de la plante paraissant simple et facile à saisir par un examen superficiel.

Depuis longtemps on a remarqué à la face inférieure des feuilles de ces végétaux, désignées sous le nom de *frondes*, des amas de corpuscules dont le rôle dans la reproduction de la plante n'a jamais paru douteux, et qu'on appela par cette raison *spores*. Le développement de ces organes est fort simple et a été très-exactement décrit. On voit dans les lieux où ils doivent se produire les cellules ordinaires de la feuille prendre un développement anormal ; ces cellules hypertrophiées se segmentent, et l'amas ovoïde qu'elles forment alors se sépare en deux portions. Les cellules extérieures s'organisent en membrane, et d'ordinaire quelques-unes d'entre elles devenant plus considérables en même temps que leur paroi externe s'épaissit davantage forment une sorte de saillie, de bourrelet semi-circulaire, auquel on a donné le nom d'*anneau*; le petit sac constitué par ces parties, a reçu le nom de *sporange*. Pendant ce temps, les cellules internes ont subi de tout autres modifications ; leur contenu s'est subdivisé en deux, puis en quatre parties, et chacune de celles-ci s'entourant de deux membranes a formé la *spore*. Plus tard, par suite des progrès de développement, et la dessiccation mettant en jeu ses propriétés élastiques, l'anneau tend à se redresser ; les autres cellules de l'enveloppe, ne pouvant se prêter à ce mouvement, se rompent, et la cavité du sporange largement ouverte laisse échapper son contenu. Ce mode de développement est un des plus fréquents, et c'est en particulier celui du *Polypodium* que nous avons eu en vue, cette espèce étant l'une des plus connues. Les sporanges sont réunis ordinairement en amas appelés *spores* et souvent recouverts d'un appendice protecteur diversement configuré et qu'on appelle *indusie*. Ces différentes parties, très-variées dans leur forme et fort importantes au point de vue de la botanique descriptive, ne doivent pas nous arrêter ici.

On savait depuis longtemps que ces spores, dans

des conditions favorables, étaient susceptibles de
germer et de reproduire le végétal originaire ; le
cycle du développement de la plante paraissait
donc connu, et les partisans de de la génération
sexuée des Eryptogames, voyant dans les sporanges
des organes femelles, avaient cherché dans les parties voisines et homologues les organes mâles, et
avaient décrit comme tels des poils, des glandules,
etc.

En 1844, M. Nœgeli, étudiant la germination des
Fougères, observa certains faits que nous allons
décrire plus bas, lesquels le portèrent à penser que le
phénomène n'était pas aussi simple qu'on l'avait
pensé, et il montra sur les premiers rudiments développés de la plante des organes que l'analogie le
porta à rapprocher des anthéridies des mousses.
En 1848, M. Thuret confirma ces découvertes. Mais
on continuait de regarder les sporanges de la fronde
comme les organes femelles, lorsque à la même
époque, en Allemagne, M. Leszczyc-Suminski an-
nonça que ce même rudiment de plante portait les
organes femelles: cette découverte souleva de vives
contradictions, dont M. Wigand (1849) fut un des
principaux interprètes. Le fait fut donc regardé
comme très-incertain, et c'était encore l'opinion de
M. Thuret en 1851 ; mais les observations rapportées depuis par M. Hofmeister (1854) ne peuvent
plus laisser le moindre doute, sinon sur tous les
faits avancés par M. Suminski, au moins sur le point
capital de sa découverte.

Si l'on fait germer une spore dans des conditions favorables, on voit un phénomène se passer, qui, par ses analogies avec le phénomène analogue qu'on observe dans les grains polliniques des phanérogames, a depuis longtemps frappé les observateurs. La membrane externe résistante se fend souvent suivant des lignes qu'on peut apercevoir sur le grain intact, et par l'ouverture qui en résulte la membrane interne fait hernie sous la forme d'une espèce de boyau. Bientôt la matière verte s'accumule à l'extrémité de celui-ci; il s'y forme des cellules qui, par scission, suivant M. Wigand, se multiplient, et finissent, en s'étalant sur un ou plusieurs rangs, suivant les espèces peut-être, par former une sorte de petite feuille qu'on a comparée avec quelque raison au thalle verdâtre des Hépatiques, et à laquelle on a donné le nom de *pro-embryon* (Nœgeli; *pseudo-cotylédon*, Thuret; *protophylle*, Wigand). Ce pro-embryon est cordiforme, échancré profondément, au moins dans le *Pteris serratula*, que M. Suminski a suivi dans tout son développement, et que nous citons de préférence aux exemples de M. Wigand, dont les dénominations ne sont pas aussi certaines ; ses dimensions sont environ de **3** millimètres de large sur **2** millimètres de long. Sa forme est à peu près la même dans le *Scolopendrium officinale;* il serait en raquette dans le *Pteris aquilina*, espèces toutes deux étudiées par M. Thuret. A sa partie postérieure et inférieure apparaissent de bonne heure des radicelles. C'est sur ce pro-embryon que vont se développer les organes sexuels.

Les anthéridies, par leur nombre, leur développement plus prompt, la singularité des corpuscules qu'elles contiennent, étaient si propres à éveiller l'attention qu'on ne doit pas s'étonner qu'elles aient été étudiées en premier lieu. A la partie inférieure du pro-embryon et du côté postérieur surtout (nous regardons comme côté postérieur celui qui se trouve dirigé vers la spore d'où le végétal est sorti), on voit les cellules se modifier sur certains points. Suivant M. Wigand, ces cellules s'accroissent et se divisent en deux parties, une extérieure qui tend à faire saillie à la face inférieure du pro-embryon, l'autre basilaire ; l'ensemble de ces deux cellules constituerait l'organe mâle. Suivant M. Thuret, le nombre de ces cellules serait de trois, l'une basilaire, une autre servant d'opercule ; enfin la troisième, en forme d'*anneau*, disposition assez difficile à comprendre, serait placée entre les deux autres, et c'est dans l'intérieur de l'espace qu'elle circonscrit que se développeraient les corpuscules fécondants. M. Suminski a aussi décrit la formation de cet organe d'une manière un peu différente, mais l'opinion de M. Wigand paraît la plus simple et la plus vraisemblable. Le nombre des cellules du pro-embryon qui se métamorphosent en anthéridies peut être assez considérable, puisqu'on a pu en compter jusqu'à 60 et 70 sur un seul individu. Pendant que la cellule primitive se subdivisait, son contenu s'est modifié, et la chlorophylle a disparu dans la cellule externe, qui prend un développement plus considérable que la cellule basilaire ; mais ce n'est que le début des phénomènes importants qui vont s'y succéder. Sa substance décolorée se partage à la fois dans toute sa masse, suivant M. Wigand, en un certain nombre de cellules, environ une vingtaine, dont les contours vagues à l'origine s'accentuent ensuite de plus en plus. D'abord sphériques, ces cellules ne tardent pas à prendre une forme polyédrique par pression réciproque ; c'est là que vont se développer les anthérozoïdes. On les voit bientôt s'agiter dans les cellules, les rompre et se disséminer dans le liquide ambiant ; généralement le corpuscule ne sort de la cellule mère qu'après que celle-ci a été projetée hors de l'anthéridie. La déhiscence se fait par déchirure du sommet de la cellule anthéridienne externe ; l'organe, suivant M. Thuret, subirait alors quelques modifications consistant dans le développement de la cellule annulaire moyenne, et dans quelques cas en un dépôt de matière colorée brune sur les parois de la cavité vide. L'anthérozoïde libre est aplati, tordu en spirale, et présente à l'une de ses extrémites, dite *rostre*, une couronne de poils rayonnants ; il se meut avec une grande agilité. M. Wigand pense que son aplatissement résulte de son mode de développement ; il le regarde comme formé par un dépôt placé à la face interne de la cellule mère, lequel se découperait en lanière, à ce qu'on peut supposer.

Les organes femelles sont moins nombreux que

les précédents ; un pro-embryon n'en porte pas plus
de quatre à vingt : ils sont situés également à la
face inférieure, mais en avant, du côté de l'échancrure ; leurs dimensions varient de $0^{mm},072$ à
$0^{mm},108$. M. Suminski leur a donné d'abord le nom
d'*ovule*, surtout à cause des idées théoriques qu'il
avait admises ; le nom d'*archégone* a généralement
prévalu depuis. Cet organe, qui dérive des cellules
du pro-embryon par des multiplications scissipares
analogues à celles qui amènent la formation des anthéridies, mais plus multipliées, se présente à son
état complet de développement comme une cavité
arrondie plongée dans l'intérieur du parenchyme,
limitée par des cellules dépourvues d'endochrome,
et communiquant avec l'extérieur par une sorte de
cheminée que forment seize cellules transparentes
disposées crucialement quatre par quatre, les unes
au-dessus des autres, d'une façon régulière. Les archégones d'un pro-embryon ne sont pas généralement tous aussi développés les uns que les autres, et on remarque qu'ils sont d'autant plus jeunes
qu'ils sont plus près de l'échancrure. M. Suminski
regardait la cavité comme étant vide ; on admet aujourd'hui qu'elle renferme elle-même une masse
qui serait assimilable à ce que nous avons appelé
spore primordiale.

La comparaison des anthéridies et des archégones ne permet pas d'y voir, comme on a pu le
croire, des états différents d'une seule et même partie, et aujourd'hui leur véritable nature n'est dou-

teuse pour personne. Ces organes peuvent aussi
dans certains cas ne pas exister à la fois sur le
même pro-embryon; il y a donc monœcie ou diœcie.
Quant au fait de la fécondation, il ne peut plus être
légitimement contesté depuis les dernières recherches de M. Hofmeister; ce savant a même donné
des détails qui permettent en quelque sorte de suivre pas à pas l'anthérozoïde dans son trajet. Lorsqu'un semis de pro-embryons présente des individus
diversement développés et munis, les uns d'archégones, les autres d'anthéridies, après l'avoir main-
tenu pendant quelques semaines dans un état d'humidité convenable pour achever la maturité des
organes, on l'arrose abondamment; quelques heures
après, on trouvera les pro-embryons couverts d'anthérozoïdes à mouvements très-vifs. En pratiquant
alors des coupes convenables, on pourra voir des
corpuscules mâles jusque dans la cavité embryo-
fère et doués encore de mouvements : c'est un fait
que M. Hofmeister a pu constater deux fois dans
l'*Aspidium filix-mas*, et les anthérozoïdes continuè-
rent de s'agiter pendant sept minutes sous les yeux
de l'observateur. Il n'est pas douteux non plus,
d'après les figures données par M. Suminski, que ce
savant n'ait vu aussi le corpuscule mâle dans la cavité de l'archégone.

Les conclusions que ce dernier observateur avait
tirées de ce fait remarquable pour la production de
l'embryon proprement dit n'ont pas été sans influence sans doute sur l'opposition qu'il rencontra

pour les faire admettre. Suivant lui, une des portions de l'anthérozoïde se plaçant au milieu de la cavité s'entourait de matière verte, puis, se séparant de la partie restée dans le canal de l'archégone, se développait alors en rudiment de la jeune plante. Cette théorie, qu'on a voulu invoquer dans l'étude des phénomènes de la fécondation des Phanérogames, admet, comme on le voit, que le végétal est un simple développement du corpuscule fécondant mâle. Ce que nous avons vu dans d'autres végétaux où l'observation plus facile donne moins de chances d'erreur ne paraît pas favorable à cette théorie.

Suivant M. Hofmeister, le premier phénomène qui suit la fécondation est le développement de cellules qui ferment toute communication avec l'extérieur ; c'est sans doute l'analogue de cette membrane que nous avons vue chez les Algues se développer dans des circonstances analogues, au moins les faits paraissent-ils parfaitement comparables.

L'embryon une fois formé, ayant une position horizontale, émet une tigelle sur laquelle s'élèveront les frondes sporangifères, et des radicules par sa face inférieure. On ne voit jamais sortir du pro-embryon qu'une seule plante : il semble donc qu'un seul archégone puisse être fécondé ou tout au moins prendre un développement si considérable que la croissance des autres en soit complétement empêchée.

CHAPITRE VIII.

ÉQUISÉTACÉES.

Les plantes de cette famille, dont le port offre au premier coup d'œil des caractères distinctifs si frappants, n'offrent dans leur mode de reproduction rien de bien différent de ce que nous avons vu dans d'autres Cryptogames des groupes précédents.

Le végétal parfait donne des spores qui fournissent un pro-embryon destiné à produire des organes sexuels : anthérozoïdes et spore primordiale.

La fructification de la plante adulte où se trouvent les premiers produits est depuis longtemps connue, et son étude au reste ne présentait aucune difficulté. Elle consiste en une sorte d'épi terminal, composé d'écailles portées sur un pédicule central ; on ne peut mieux les comparer qu'à un clou. C'est à la face inférieure, c'est-à-dire celle qui regarde l'axe, que se trouvent les spores renfermées dans de petites capsules dites *sporanges*. Le développement de toutes ces parties est très-simple. Le long de l'axe, dans les points où doivent se trouver les écailles, apparaissent de petites saillies d'abord arrondies, qui s'allongent et s'élargissent en disque à leur extrémité libre, en prenant dès lors l'aspect qu'elles doivent conserver ; seulement, par la pression réciproque que les portions élargies exercent les unes sur les autres, leur forme arrondie se change en forme hexagonale. En même temps, de petits mamelons celluleux se sont développés sur la partie marginale de la face inférieure du disque, les cellules périphériques subissent peu de modifications et formeront la paroi du sporange ; les cellules centrales au contraire, dans lesquelles vont se développer les spores, présentent une série de phénomènes très-curieux. Le contenu s'isole d'abord de la paroi sous forme d'une sphère solide ; on voit alors entre ces deux parties se produire une membrane qui se découpe en lanières placées en spirale autour de la sphère, et qui, lorsqu'elles pourront s'étendre, apparaîtront sous forme de quatre prolongements étroits présentant une extrémité libre élargie en forme de pelle, adhérents par l'autre en un même point de la spore et disposés crucialement ; on les appelle *élatères*. On a aussi cru que ces organes singuliers provenaient simplement de la membrane primitive d'enveloppe de la spore : cette opinion serait celle de M. Hugo Mohl, qui a porté particulièrement son attention sur ce point d'histologie. M. Sanio a étudié également le développement des élatères ; il croit qu'ils se développent chacun en deux parties séparées à l'équateur de la spore, lesquelles se réuniraient plus tard : un fait très-important qu'il aurait constaté serait qu'après leur formation ces appendices continuent de croître, ce que prouvent leurs changements d'aspect et de dimensions. L'usage de ces parties est des plus simples et fort bien connu. Les propriétés hygroscopiques des filaments sont très-faciles à constater. Si on considère les spores en masse, on voit facilement à l'œil nu que sous l'influence de l'haleine chargée de vapeur d'eau il s'y produit un fourmillement des plus remarquables. L'examen au microscope rend facilement compte de ce phénomène : on s'aperçoit alors que si on fait varier l'état d'humidité de l'atmosphère, les filaments s'écartent ou se rapprochent de la spore avec une grande agilité ; celle-ci peut même être projetée à une certaine distance toutes les fois que, par suite de sa position, les extrémités libres des fils rencontrent dans la lame porte-objet un point d'appui résistant sur lequel ils agissent à la manière d'un ressort. Il est donc évident qu'ils servent à la dissémination. Nous n'avons pas à mentionner l'opinion qui portait à les considérer comme des étamines, idée basée sur leur forme et leur position par rapport à la spore, mais qui ne reposait que sur une observation superficielle et ne saurait plus être admise.

Au moment de la maturité, les sporanges s'entrouvrent par une fente tournée vers le centre des écailles, et les spores sont projetées au loin. Peut-être les filaments jouent-ils alors, par rapport à la spore, le rôle d'organe d'arrêt lorsqu'elle arrive sur un terrain humide, puisque dans ce cas, ils s'étendent et empêchent par conséquent le vent de les emporter aussi facilement que lorsqu'à l'état de sécheresse ces parties sont roulées autour de la spore. Il se passerait quelque chose d'analogue au singulier phénomène qu'on a depuis longtemps signalé pour la Rose de Jéricho (*Anastica hierochuntica*).

Quoi qu'il en soit, dans des conditions d'humidité favorables, ces spores germent avec une assez grande facilité; aussi, depuis longtemps, les observateurs s'étaient-ils attachés à suivre le développement de ces plantes; Agardt en 1822, Vaucher en 1823, ont publié de nombreuses observations à ce sujet. Mais c'est seulement à une époque beaucoup plus récente qu'on a reconnu l'importance de ces premiers développements de la spore sous le rapport de la génération sexuelle. M. Thuret dans ses savantes recherches sur les anthéridies des Cryptogames, décrivit ces organes dans l'*Equisetum limosum*, ainsi que les anthérozoïdes qu'ils présentent. M. Hofmeister (1854), M. Milde (1852), firent connaître l'organe femelle ou *archégone;* il convient également de citer M. Bischoff, qui en 1853 publia d'intéressantes recherches sur l'organogénie de ces végétaux; enfin en 1859 M. Duval-Jouve a fait paraître dans les bulletins de la Société botanique de France un très-intéressant mémoire sur la génération sexuelle de ces plantes, travail auquel nous empruntons les détails qui vont suivre.

Mise dans des conditions convenables, qu'on peut

reproduire expérimentalement avec facilité, comme l'a exposé l'auteur que nous venons de citer, la spore des Prêles se divise d'abord en deux cellules, l'une qui paraît dans la suite de son développement devoir donner naissance aux radicelles de la jeune plantule, l'autre qui se remplit de substance verte, et, par la subdivision cellulaire, forme cette jeune plantule même à laquelle on a donné le nom de *pro-embryon* ou *prothallium* (*Sporophyme*, Duval-Jouve). Celui-ci se présente d'abord sous la forme d'une lamelle verte, irrégulièrement lobée sur les bords et homogène sur toute son étendue ; plus tard toute la partie médiane prend une structure un peu différente, les cellules y sont plus petites, le tissu plus serré, et cela simule en quelque sorte une espèce de nervure. C'est sur celle-ci que se développeront les organes femelles, tandis que les organes mâles seront situés à la périphérie, sur les parties lobées et à l'extrémité de celles-ci. Généralement, le développement de ces parties est inverse, de telle sorte que là où les anthéridies se développent, les organes femelles sont rudimentaires et stériles, et réciproquement ; c'est au moins ce qui a lieu pour l'*Equisetum arvense* étudié par M. Duval-Jouve ; cependant, l'*Equisetum sylvaticum*, d'après M. Bischoff, serait monoïque, et les organes mâle et femelle pourraient se trouver réunis sur un même lobe du pro-embryon.

Le développement des anthéridies n'est pas très-exactement connu ; arrivées à l'état parfait, elles se

présentent sous forme de cavités ayant une paroi composée de cellules régulières, surtout pour celles de
la partie extérieure qui sont disposées en rayonnant
à partir d'un centre. Le contenu en est finement granuleux et notablement plus opaque que le reste du
pro-embryon. Au moment de la déhiscence, les
cellules extérieures s'écartent de manière à former
une couronne dentée fort régulière et d'une très-
grande élégance ; la cavité est alors largement ouverte, et les anthérozoïdes, souvent encore contenus dans la petite cellule où ils se développent,
sont projetés à l'extérieur. Les corpuscules mâles
ont une forme singulière que M. Thuret a figurée
avec beaucoup de soin, et qu'on peut comparer
grossièrement à une faucille dont le manche serait
le rostre de l'anthérozoïde ; au reste, cette apparence est sujette à de grandes variations que
le dessin seul peut faire saisir ; ces corpuscules
sont pourvus à leur partie antérieure de cils vibratiles.

Les organes femelles ou *archégones* se développent comme dans les familles voisines. Au reste
leur aspect à l'état adulte n'en est pas différent. Ils
consistent en une cavité entourée de cellules qui se
distinguent de celles du reste du parenchyme par
l'absence d'endochrome, et qui du côté interne de
l'organe forment un dessin assez régulier. Cette
cavité, de forme sphérique, est surmontée de huit
cellules superposées sur deux rangs et se correspondant exactement en hauteur et deux à deux ;

vues d'en haut, les quatre cellules supérieures forment une rosette régulière. Dans certains cas, chaque colonne de deux cellules est surmontée d'une sorte de lame foliacée ; mais l'existence de celle-ci n'a pas paru constante à M. Duval-Jouve. Au milieu des huit cellules se forme un canal qui conduit directement dans la cavité de l'archégone au fond de laquelle est une saillie qui se développera après la fécondation pour reproduire la plante mère, et qui n'est autre chose, par conséquent, qu'une spore primordiale. Souvent, sur l'*Equisetum arvense*, l'intérieur du tube, de la cavité, et même la face externe des quatre cellules supérieures sont teints en roux ; ce phénomène, qui paraît dû à une simple coloration superficielle des cellules, ne se produirait que dans les organes non fécondés, et par suite, impropres à la reproduction.

Bien qu'on n'ait pu jusqu'ici constater d'une manière certaine la pénétration de l'anthérozoïde dans l'archégone, cependant la nécessité de la fécondation n'est pas douteuse, comme l'ont prouvé les observations de M. Duval-Jouve. Dans l'appareil employé par ce naturaliste pour obtenir la germination des Equisétacées, une disposition spéciale empêchait l'eau de tomber directement sur les plantes, et dans ces conditions, il remarqua qu'aucun des archégones ne lui présentait de phénomènes de développement. Frappé de ce fait, et guidé d'ailleurs par certaines observations sur l'époque de la journée à laquelle s'opérait le plus habituellement la déhiscence des anthéridies, il crut devoir attribuer à cette circonstance la non-réussite de ses semis. Ayant alors arrosé directement les proembryons, il ne tarda pas à trouver une grande quantité d'archégones développés en rudiments de plantes mères. Il put surtout observer les anthérozoïdes dans le voisinage des organes femelles, et même engagés dans le tube de l'archégone. Ces faits ne peuvent laisser aucun doute sur l'action réciproque de ces différents éléments ; il est clair que lors de la déhiscence des anthéridies les corpuscules mâles projetés sur le pro-embryon femelle ne peuvent gagner l'archégone si la surface sur laquelle ils se trouvent étant privée d'eau ne leur permet pas de se servir de leurs cils natatoires.

Tous les archégones sont sans doute susceptibles d'être fécondés, au moins ne paraissent-ils jamais présenter entre eux de différences anatomiques sensibles. Cependant d'ordinaire, sur un pro-embryon femelle, on n'en voit qu'un qui se développe en plante mère, les autres restant rudimentaires et se détruisant avec le reste de la plantule primitive sortie de la spore ; c'est au moins ce qu'on a remarqué dans l'*Equisetum arvense* : ce fait au reste nous a présenté des analogues dans les plantes que nous avons étudiées précédemment.

CHAPITRE IX.

LYCOPODIACÉES.

La génération sexuelle des plantes de cette famille est fort bien connue pour quelques-unes d'entre elles, surtout depuis les recherches des savants modernes sur ce sujet; mais, pour quelques autres, le peu qu'on sait paraît présenter de si grandes différences qu'elles motiveront peut-être un jour la séparation de ce groupe en plusieurs types distincts.

Jusqu'aux recherches de M. Hofmeister, les travaux faits sur les Lycopodiacées ont été purement descriptifs, l'élégance de ces plantes qui rappellent par leur port les Mousses et les Hépatiques les ayant fait remarquer depuis longtemps. Le travail de l'observateur que nous venons de citer, publié en 1851, fit connaître très-complétement le développement des organes de la reproduction dans les *Selaginella*, et depuis cette époque les travaux de M. Thuret, de M. de Bary ont peu ajouté à ces notions.

Dans le *Selaginella denticulata* qui a été particulièrement étudié, les organes mâles et femelles anthéridies (*Coniothèques*, Hofmeister) et sporanges (*Sphérothèques*, Hofmeister) se trouvent placés à l'extrémité des rameaux sur de petites feuilles qui forment une sorte d'épi. Un seul organe femelle se développe sur l'une des feuilles de la base, les autres donnent des anthéridies, mais l'origine première de ces organes n'étant pas différente, nous pouvons d'abord les étudier simultanément.

On voit sur le côté des rameaux se former de petits mamelons celluleux dépendant de l'axe, car ce n'est que par suite du développement que les organes finiront par se trouver sur la feuille. Bientôt les cellules se différencient, l'une d'entre elles centrale se développe davantage, tandis que les autres se modifient de façon à former autour d'elle trois rangées distinctes formant trois enveloppes; lorsque le développement est complet, la plus interne est formée de cellules allongées rayonnant autour de la cellule centrale, et pourvues d'un noyau; de plus à l'extérieur sont des cellules tabulaires contenant de l'amidon, enfin le tout est enveloppé d'une couche de cellules polyédriques transparentes revêtues d'une cuticule. A cet état de développement, le mamelon a grossi considérablement et est porté sur un pédicule rétréci. Pendant ce temps la cellule centrale a subi d'importantes modifications; dans son intérieur des cellules se sont produites par division régulière de son contenu; chacune d'elles est pourvue d'un noyau et d'un nucléole. Arrivés à cette phase, les mamelons qui devront donner les anthéridies ou les sporanges ne peuvent encore se distinguer les uns des autres.

Lorsqu'il devra se produire un organe mâle, on voit les cellules contenues se diviser chacune en deux, puis en quatre cellules précédées de l'apparition de noyaux nucléolés, ce sont les *microspores* de M. Hofmeister ; leur forme n'est pas sphérique, ce sont de petites pyramides tétraédriques à base courbe. Lors de la déhiscence, ces microspores tombées sur le sol humide grossissent notablement, et vers le cinquième mois de germination, leur contenu s'organise en cellules où se forment des anthérozoïdes qui mis en liberté s'agitent lentement. Ce développement n'a été observé jusqu'ici que sur le *Selaginella helvetica*.

Si le mamelon doit donner naissance à un sporange, on voit une des cellules du contenu prendre un accroissement très-considérable, pendant que les autres s'atrophient. Arrivée à un certain point de développement, elle se partage en quatre cellules, d'après un mode comparable à celui que nous avons signalé dans les cellules donnant naissance aux microspores, seulement ici ces cellules secondaires, auxquelles M. Hofmeister a donné le nom de *macrospores*, ne conservent pas la forme tétraédrique, mais se développent en sphères qui, dans l'intérieur du sporange sont disposées comme quatre boulets empilés. Pendant même que la macrospore est encore sur la plante mère, sur un point de sa circonférence il se forme un disque celluleux distinct du reste du contenu par la forme des éléments composants, et qui n'est autre chose que le rudiment d'un pro-embryon. Quand la macrospore s'est détachée, le développement de ce disque se continue, et les cellules où devront se former les archégones, c'est-à-dire les véritables organes femelles, se distinguent par leur contenu granuleux. Chacune de ces cellules se divise en deux parties par une cloison horizontale. La cellule inférieure se développera en corps reproducteur femelle. La cellule supérieure se partage d'abord en quatre, par deux cloisons verticales disposées crucialement, puis une cloison horizontale porte le nombre total des cellules à huit, lesquelles forment un canal comparable à celui que nous avons décrit dans les archégones des Fougères, des Equisétacées, etc. Le développement de ces parties demande environ six mois.

Le temps nécessaire pour la formation des anthérozoïdes, d'une part, de la spore primitive, d'autre part, paraît donc un peu différent, ce qui peut porter à penser que ces éléments reproducteurs doivent être fournis par des plantes ou au moins des rameaux différents, pour arriver en même temps à maturité. Quoi qu'il en soit, bien que la fécondation n'ait pu jusqu'ici être constatée d'une manière certaine, la simple considération des organes ne peut cependant laisser aucun doute à cet égard, quand on se reporte aux faits que nous avons cités dans les groupes précédents. Aussitôt après la fécondation, M. Hofmeister a constaté que la cellule inférieure prend un développement considérable, si bien qu'elle sort du pro-embryon pour descendre dans les cellules propres de la macro-spore, où son accroissement continue. L'embryon ainsi formé reproduit la plante mère.

Chez les Isoëtes et les Lycopodes, la reproduc-tion sexuelle a été moins étudiée ; chez ces der-niers, les microspores étant seules connues, on s'est demandé si, au lieu de produire simplement les an-thérozoïdes, ces corpuscules, comme les spores de la fronde des Fougères, ne donnaient pas naissance à un pro-embryon portant les organes des deux sexes. Les recherches de M. de Bary sur la germi-nation des Lycopodes ne permettent pas encore de se prononcer à ce sujet, bien qu'elles tendent à jus-tifier cette assimilation.

CHAPITRE X.

RHIZOCARPÉES.

Les phénomènes de la reproduction sexuelle chez les Rhizocarpées se rapprochent assez de ceux que nous avons décrits chez les Lycopodiacées, au moins en ce qui concerne le développement, pour que nous ne croyions pas devoir nous y arrêter longuement.

Dans les *Pilularia*, qui ont été le plus étudiés, et sur la propagation desquels M. Naegeli, en 1847, a publié un article assez étendu, les organes mâles et femelles se développent dans une même capsule, et depuis longtemps B. de Jussieu (1739) avait indiqué ces parties qu'il regardait comme des anthères et des pistils. Dans les plus petits de ces organes, *microspores*, se forment des anthérozoïdes résultant de cellules mères produites elles-mêmes par la division quaternée de cellules préexistantes. Dans les organes femelles, où le développement est identiquement le même, une seule de ces dernières cellules se développe et donne par division quatre corps, *macrospores*; chacun d'eux, comme l'a montré M. Hofmeister, est susceptible par la germination de donner des archégones que les anthérozoïdes viennent féconder. La déhiscence de la microspore qui représente l'anthéridie paraîtrait s'opérer par la production d'une espèce de boyau formé par la membrane interne, ce qui rappelle la déhiscence des grains de pollen des Phanérogames. Cependant jamais ce boyau ne paraît, d'après M. Naegeli, pénétrer directement dans l'archégone où l'anthérozoïde se rend au moyen de cils vibratiles.

Les corps reproducteurs des *Azolla* ont aussi été observés par M. Mettenius (1847), mais ces études demanderaient à être reprises; la description des différentes parties de ce que l'auteur appelle *ovule* indiquerait une complication beaucoup plus grande que celle qu'on observe dans les genres voisins.

CONCLUSIONS.

Si on jette un coup d'œil sur les différents faits
que nous venons de passer en revue, en cherchant
à comparer les modes de génération sexuelle observés chez les Cryptogames, on peut, il nous semble, y reconnaître chez tous le phénomène désigné
sous le nom de *génération alternante*. Nous ne parlons pas, bien entendu, ni des Champignons ni des
Lichens, chez lesquels le mode de reproduction
dont nous nous occupons n'est pas encore suffisamment connu.

En observant le cycle complet de chaque espèce
et laissant de côté les modes de reproduction par
zoospores, bulbilles, innovations, tubercules, qui
sont en quelque sorte irréguliers, ou pour mieux
dire parallèles à la génération sériale par laquelle
l'espèce se perpétue normalement, on trouve en
général, à côté de la reproduction par fécondation.
c'est-à-dire résultant du concours des sexes, un
mode de reproduction asexuelle et la succession régulière de ces phénomènes constitue une véritable
alternance. Mais en partant d'un point fixe de la

série, soit, par exemple, du développement de la
spore proprement dite (nous désignons sous ce mot
le corps reproducteur provenant par fécondation
de la *spore primordiale,* développée dans le sporange des Algues ou l'archégone des autres plantes),
on voit que la reproduction asexuelle se place par
rapport à ce qu'on appelle généralement le végétal
parfait et que nous appellerons *plante mère,* de deux
façons différentes, ou elle la précède, ou elle la
suit. Le plus grand nombre des plantes dont le
développement est bien connu peuvent rentrer
dans l'un ou l'autre cas.

Dans les Algues, par exemple, dans le *Sphæroplea
annulina* (*voy.* pl. I et explication des planches), la
spore proprement dite donne par segmentation,
c'est-à-dire génération asexuelle, des zoospores
(bourgeons mobiles), lesquels se développent en
plante mère sur laquelle les anthéridies et les archégones (nous employons ce dernier mot pour
exprimer l'organe qui renferme la spore primordiale) produiront les anthérozoïdes et les spores
primordiales, ce qui ferme la série.

Dans les Fougères qui nous serviront d'exemple
pour le second cas (*voy.* pl. II et explication des
planches), la spore proprement dite donne la
plante mère, laquelle produit des corps que nous
appellerons, faute de mot meilleur, *spores des auteurs;* c'est la génération asexuelle. Les spores
des auteurs, en se développant en pro-embryons,
donneront les anthéridies et les archégones, et par

suite les anthérozoïdes et les spores primordiales.

Au premier type se rapportent les Algues, les Hépatiques, les Mousses ; au second, les Fougères et les Equisétacées d'une part, les Characées, les Lycopodiacées, les Rhizocarpées d'autre part.

Nous divisons ces derniers en deux groupes, parce que, comme l'a fait remarquer M. Grisebach, chez eux, les phénomènes, bien qu'au fond les mêmes, offrent une différence assez frappante. La plante mère, au lieu de fournir par la génération asexuelle une seule sorte de corps, en donne deux : les microspores, qui fourniront les anthérozoïdes et sont, si l'on veut, les anthéridies ; les macrospores où se développeront les archégones. Il semble donc que la génération sexuelle ait en quelque sorte remonté d'un rang. Cette différence a une autre importance en ce qu'elle nous conduit à ce qui a lieu normalement dans les végétaux phanérogames, le pollen pouvant être comparé aux microspores, l'ovule aux macrospores, cette dernière assimilation étant donnée sous toute réserve. Cette division dans les végétaux à développement sur le type des Fougères a été faite déjà par M. Grisebach qui désigne les uns sous le nom de *Ptérides* (Fougères, Equisétacées), les autres sous le nom d'*Hydroptérides* (Characées, Lycopodiacées, Rhizocarpées).

Le tableau suivant fera mieux saisir ces idées en les résumant :

ALGUES (Sphæroplea.)		FOUGÈRES (Pteris.)		LYCOPODIACÉES (Selaginella).		PLANTES PHANÉROGAMES.	
Spore proprement dite.		Spore proprement dite.		Spore proprement dite.		Embryon.	
Zoospore.		—		..		—	
Plante mère.		Plante mère.		Plante mère.		Plante mère.	
—		Spore des auteurs.		Micro-spore.	Macro-spore.	Pollen.	Ovule ?
Anthéro-zoïde.	Spore primordiale.	Anthéro-zoïde.	Spore primordiale.	Anthéro-zoïde.	Spore primordiale.	Fovilla.	Sac embryonnaire.

Il faut ajouter que ces faits ne sont pas absolus. Ainsi chez bon nombre d'Algues que nous avons citées, la spore proprement dite donne naissance directement à la plante mère ; dans certaines espèces (*Saprolegnia monoïca*), l'un et l'autre cas se présentent peut-être à la fois. Dans les Lycopodiacées, les véritables Lycopodes produisent, on peut le croire, un pro-embryon comme les Fougères et non des macrospores et des microspores comme les Selaginella. Les Characées paraissent produire directement sur la plante mère les anthéridies et les archégones. Enfin, comme remarque générale, observons qu'un trop petit nombre de plantes ont été étudiées jusqu'ici pour qu'on ne doive pas regarder comme prématurée une généralisation trop absolue.

Ces considérations nous amènent encore à conclure que la prétendue limite entre les végétaux phanérogames et cryptogames est réellement si peu considérable, qu'on peut presque la regarder dès à présent comme nulle, et une fois de plus est prouvée la justesse de la pensée de Linné que la marche de la nature est régulière.

Au point de vue de la botanique et de la physiologie générales, l'étude de la fécondation chez les Cryptogames nous paraît aider à la solution de quelques questions importantes.

Les observations de M. Leszczyc-Suminski sur la fécondation des Fougères ont paru d'abord donner des preuves à l'appui de la théorie de Schleiden sur le développement de l'ovule, mais sans parler des découvertes récentes de M. Hofmeister sur les mêmes végétaux, qui sont venues montrer les faits sous un tout autre jour, on peut dire que les derniers travaux sur la fécondation des Algues ne peuvent plus laisser aucun doute sur la façon dont les éléments sexuels se comportent l'un par rapport à l'autre. Il est démontré par des faits en quelque sorte tangibles chez les végétaux dits cryptogames :

« Que les deux éléments pris isolément sont in-
« féconds ;

« Que le contact de l'élément mâle ne suffit pas
« pour féconder l'élément femelle ;

« Que l'élément mâle ne se développe pas sim-
« plement dans l'élément femelle, mais que tous deux
« se confondent pour se vivifier. »

En voyant chez les autres êtres végétaux et animaux les éléments sexuels si semblables dans leur essence et dans leurs rapports, pour ne pas dire identiques avec ce que nous avons observé dans les plantes que nous venons de passer en revue, il est difficile de ne pas regarder les lois qui les régissent comme générales dans tout le monde organique.

FIN.

BIBLIOGRAPHIE

ALGUES.

AGARDH (J.-G.). Observations sur la propagation des Algues. (*Ann. sc. nat.*, 2e série, 1836, *Bot.*, t. VI, p. 193.)

BARY (A. DE). Sur la génération sexuelle des Algues. (*Ann. sc. nat.*, 4e série, 1856, *Bot.*, t. V, p. 262.)

—— Sur la copulation des Desmidiacées, des Zygnémacées et des Champignons (Syzygites), sur la germination des produits de cette copulation, et sur les opinions relatives à l'importance de la copulation. (Comptes rendus des travaux de la section botanique du 33e congrès des naturalistes et médecins allemands, par M. R. Caspary, *in Botan. Zeit.*, 1857. n°s 11, 15.)

BONNEMAISON (Th.). Essai sur les Hydrophytes loculées (ou articulées) de la famille des Épidermées et des Céramiées. (*Mem. Mus. hist. nat.*, 1828, t. XVI, p. 49.)

BORNET (ED.). Description d'un nouveau genre de Floridées des côtes de France. (*Ann. sc. nat.*, 4e série, 1859, *Bot.*, t. XI, p. 88.)

CARTER (J.-H.). On specific character...... (Sur les caractères spécifiques, la fécondation et le développement anormal des *OEdogonium*). (*Ann. and Magaz. of nat. hist.*, 3e série, n° 1, janv. 1858.)

CARTER (J.-H.). On fécondation in the two Volvoces … Sur la fécondation dans les deux Volvox, et sur leurs différences spécifiques; sur les *Eudorina*, *Spongilla*, *Astasia*, *Euglena* et *Cryptoglena*. (*Ann. and Magaz. of nat. hist.*, 3ᵉ série, janv. 1859.)

CASPARY (Rob.). Sur les zoospores des *Chroolepus*, Ag. et leur tégugument. (*Ann. sc. nat.*, 4ᵉ série, 1858, *Bot.*, t. IX, p. 307.)

COHN (F.). Mémoire sur le développement et le mode de reproduction du Sphæroplea annulina. (*Ann. sc. nat.*, 4ᵉ série, 1856, *Bot.*, t. V, p. 187.)

——— Observations sur les Volvocinées, et spécialement sur l'organisation et la propagation du *Volvox globator*. (**Ann. sc. nat.**, 4ᵉ série, 1856, *Bot.*, t. V, p. 323.)

——— Sur le développement d'une Volvocinée. (Comptes rendus des travaux de la section de botanique du 33ᵉ congrès des naturalistes et médecins allemands, par M. R. Caspary, in *Botan. Zeit.*, 1857, nᵒˢ 44 et 45.)

CROUAN (frères). Observations sur les tétraspores des Algues. (*Ann. sc. nat.*, 3ᵉ série, 1844, *Bot.*, t. II, p. 365.)

——— Études microscopiques sur quelques Algues nouvelles ou peu connues constituant un genre nouveau. (*Ann. sc. nat.*, 3ᵉ série, 1851, *Bot.*, t. XV, p. 359.)

——— Note sur quelques Algues marines nouvelles de la rade de Brest. (*Ann. sc. nat.*, 4ᵉ série, 1858, *Bot.*, t. IX, p. 69.)

DECAISNE (J.). Plantes de l'Arabie heureuse, recueillies par M. P.-E. Botta, et décrites par Decaisne. (*Arch. Mus. hist. nat.*, 1841, t. II, p. 89.)

——— Mémoire sur les Corallines ou polypiers calcifères. (*Ann. sc. nat.*, 2ᵉ série, 1842, *Bot.*, t. XVIII, p. 96.)

——— Essais sur une classification des Algues et des polypiers calcifères de Lamouroux. (*Ann. sc. nat.*, 2ᵉ série, 1842. *Bot.*, t. XVII, p. 297.)

DECAISNE (J.) et THURET (G.). Recherches sur les anthéridies et les zoospores de quelques Fucus. (*Ann. sc. nat.*, 3ᵉ série. 1845, *Bot.*, t. III, p. 5.)

DERBÈS. Description d'une nouvelle espèce de Floridée, devant former un nouveau genre, et observations sur quelques Algues. (*Ann. sc. nat.*, 4ᵉ série, 1856, *Bot.*, t. V, p. 209.)

    Sur la fructification de l'*Haliseris polypodioides*. (*Bull. Soc. bot.*, 1859, p. 83.)

DERBÈS et SOLIER. Sur les organes reproducteurs des Algues. (*Ann. sc. nat.*, 3ᵉ série, 1850, *Bot.*, t. XIV. p. 361.)

DESMAZIÈRES (J.-B.). Recherches microscopiques et physiologiques sur le genre *Mycoderma* (*Ann. sc. nat.*, 1ʳᵉ série, 1827, t. X, p. 42.)

    Observations sur le *Sporendonema casei*, nouveau genre de Mucédinées. (*Ann. sc. nat.*, 1ʳᵉ série, 1827, t. X, p. 246.

    Lettre sur l'animalité de quelques hydrophytes, et des mycodermes en particulier. (*Ann. sc. nat.*, 1ʳᵉ série, 1828, t. XIV, p. 206.)

    Mémoire sur l'*Ulva granulata*, Lin. (*Ann. sc. nat.*, 1ʳᵉ série, 1831, t. XXII, p. 193.)

DUBY (L.-E.). Second mémoire sur les Céramiées. (*Ann. sc. nat.*, 2ᵉ série, 1834, *Bot.*, t. I. p. 191.)

    Troisième mémoire sur le groupe des Céramiées et sur le mode de leur propagation. (*Ann. sc. nat.*, 2ᵉ série. 1838, *Bot.*, t. IX, p. 189.)

FOCKE. Sur la copulation des Bacillariées et Desmidiacées. (Comptes rendus des travaux de la section de botanique du 33ᵉ congrès des naturalistes et médecins allemands, par M. R. Caspary, in *Bot. Zeit.*, 1857, n°s 44, 45.)

GAILLON (B.). Observations microscopiques sur le *Conferva comoides*, Dillw. (*Ann. sc. nat.*, 1re série, 1824, t. I, p. 309.)

HARWEY (W.-H.). Nereis Boreali-Americana ; or contributions to the history of the marine algæ of north America. (*Smithsonian contributions to knowledge*, t. X, Washington, 1858, pars III, chlorospermæ.)

ITZIGSOHN (H.). De l'existence des spermatozoïdes dans certaines Algues d'eau douce. (*Ann. sc. nat.*, 3e série, 1852, *Bot.*, t. XVII, p. 150.)

—— Observations sur diverses Algues microscopiques. (*Botan. Zeit.* du 18 janvier 1856.)

—— De fabrica sporæ *Mougeotiæ genuflexæ*, broch. in-8. Neudamm., 1856.

LECLERC (Léon). Sur la fructification du genre *Prolifère* de M. Vaucher (*Mém. Mus., hist. nat.*, 1817, t. III, p. 462.)

MONTAGNE (C.). Des *Coniocystes* ou *Sporanges* découverts sur le *Bryopsis balbisiana*, de la famille des Algues. (*Ann. sc. nat.*, 2e série, 1839, *Bot.*, t. XI, p. 370.)

—— Du genre *Xiphophora*, etc.; à son occasion, recherches sur cette question : Trouve-t-on dans les Fucacées les deux modes de propagation qu'on observe chez les Floridées? (*Ann. sc. nat.*, 2e série, 1842, *Bot.*, t. XVIII, p. 200.)

—— Quelques observations touchant la structure et la fructification des genres *Ctenodus, Delisea* et *Lenormandia*, de la famille des Floridées. (*Ann. sc. nat.*, 3e série, 1844, *Bot.*, t. I, p. 151.)

—— Description d'une nouvelle forme de fruit du genre *Peys-*

sonnelia DCne; suivie de quelques considérations sur les Né-mathécies. (*Ann. sc. nat.*, 3e série, 1847, *Bot.*, t. VII, p. 179.)

MORREN (Ch.). Mémoire sur les Clostéries. (*Ann. sc. nat.*, 2e série, 1836, *Bot.*, t. V, p. 257 et 321.)

ORBIGNY (C. d'). Essai sur les plantes marines des côtes du golfe de Gascogne, et particulièrement sur celles du département de la Charente-Infér. (*Mém. Mus. hist. nat.*, 1820, t. VI, p. 163.)

PETROWSKY (André). Études algologiques (*Ann. sc. nat.*, 4e série, 1862, *Bot.*, t. XVI, p. 368.

PRINGSHEIM (N.). Sur la fécondation et la germination des Algues. (*Ann. sc. nat.*, 4e série, 1855, t. III, p. 363.)

— — Observations sur la fécondation et la génération alternante des Algues. (*Ann. sc. nat.*, 4e série, 1856, *Bot.*, t. V, p. 250.)

— — Sur les fruits des Floridées. (Comptes rendus des travaux de la section botanique du 33e congrès des naturalistes et médecins allemands, par M. R. Caspary, in *Bot. Zeit.*, 1857, nos 44, 45.)

— — Matériaux pour servir à la morphologie et à l'étude systématique des Algues. (*Ann. sc. nat.*, 4e série, 1859, *Bot.*, t. XI, p. 273.)

— — Ueber die.... (Sur les zoospores permanentes de l'*Hydrodyction* et sur quelques organismes analogues. (Comptes rendus de l'Acad. des sc. de Berlin, déc. 1860.)

— — Sur les chronispores ou chronizoospores de l'*Hydrodiction*, et sur quelques corps reproducteurs analogues. (*Ann. sc. nat.*, 4e série, 1860, *Bot.*, t. XIV, p. 52.)

SANIO (C.). Beitrag zur...... (Notice sur le développement des spores de l'*Equisetum palustre*. *Botan. Zeit.* du 14 mars 1856.)

SOLIER (A.-J.-J.). Mémoire sur deux Algues zoosporées devant former un genre distinct, le genre *Derbesia*. (*Ann. sc. nat.*, 3e série, 1847, *Bot.*, t. VII, p. 157.)

THURET (G.). Recherches sur les organes locomoteurs des spores des Algues. (*Ann. sc. nat.*, 2e série, 1843, *Bot.*, t. XIX, p. 266.)

—— Note sur le mode de reproduction du *Nostoc verrucosum*. (*Ann. sc. nat.*, 3e série, 1844, *Bot.*, t. II, p. 319.)

—— Note sur les spores de quelques Algues. (*Ann. sc. nat.*), 3e série, 1845, *Bot.*, t. III, p. 274.)

—— Recherches sur les zoospores des Algues et les anthéridies des Cryptogames. (*Ann. sc. nat.*, 2e série, 1850, *Bot.*, t. XIV, p. 214; et 1851, t. XVI, p. 5.)

—— Recherches sur la fécondation des Fucacées, suivies d'observations sur les anthéridies des Algues. (*Ann. sc. nat.*, 4e série, 1854, *Bot.*, t. II, p. 197.)

—— Deuxième note sur la fécondation des Fucacées. (*Ann. sc. nat.*, 4e série, 1857, *Bot.*, t. VII, p. 34.)

—— Sur la reproduction de quelques Nostochinées. (*Mém. de la Soc. impér. des sc. de Cherbourg*, 1857, p. 3.)

—— Extrait d'une lettre au rédacteur des Annales. (*Ann. sc. nat.*, 4e série, 1859, t. XII, p. 372.)

THWAITES (G.-H.-K.). Sur la conjugaison des Diatomées. (*Ann. sc. nat.*, 3e série, 1847. *Bot.*, t. VII, p. 374.)

—— Deuxième note sur la conjugaison des Diatomées. (*Ann. sc. nat.*, 3e série, 1848, t. IX, p. 60.)

TURPIN (P.-J.-F.). Aperçu organographique sur le nombre *deux*, etc..., suivi de la description de plusieurs genres et espèces nouvelles très-remarquables, découverts parmi les productions végétales et microscopiques. (*Mém. Mus. hist. nat.*, 1828 , t. XVI, p. 295.)

—— Observations sur le nouveau genre Surirella. (*Mém. Mus. hist. nat.*, 1828, t. XVI, p. 361.)

UNGER. Sur les métamorphoses et le mouvement des corps reproducteurs de diverses Conferves, et particulièrement de l'*Ectosperma clavata* de Vaucher. (*Ann. sc. nat.*, 1re série, 1828, t. XIII, p. 348.)

VAUPELL (Ch.). Sur la reproduction et la fécondation d'une espèce du genre *OEdogonium*. (*Ann. sc. nat.*, 4e série, 1859, *Bot.*, t. XI, p. 192.)

WORONINE (Michel). Recherches sur les Algues marines *Acetabularia, Lamk et Espera DCne*. (*Ann. sc. nat.*, 4e série, 1862, *Bot.*, t. XVI, p. 200).

LICHENS.

NYLANDER (W.). Synopsis methodica lichenum omnium hacusque cognitorum præmissa introductione lingua gallica tractata. 1858.

—— Quelques observations sur le genre *Coenogonium*. (*Ann. sc. nat.*, 4e série, 1862, *Bot.*, t. XVI, p. 83.)

THURET (G.). Recherches sur les zoospores des Algues et les anthéridies des Cryptogames; 2e partie. (*Ann. sc. nat.*, 3e série, 1851, *Bot.*, t. XVI, p. 5.)

TULASNE (L.-R.). Note sur l'appareil reproducteur dans les Lichens et les Champignons. (*Ann. sc. nat.*, 3e série, 1851, *Bot.*, t. XV, p. 370.)

—— Mémoire pour servir à l'histoire organographique et physiologique des Lichens. (*Ann. sc. nat.*, 3e série. 1852. *Bot.*, t. XVII, p. 5 et 153.)

CHAMPIGNONS.

BARY (A. DE). Sur la formation de zoospores dans quelques Champignons. (*Ann. sc. nat.*, 4e série, 1860. *Bot.*, t. XIII, p. 236.)

BARY (A. DE) et HOFFMANN (A.). Des Myxomycètes. (*Ann. sc. nat.*, 4e série, 1859, *Bot.*, t. XI, p. 150.)

BERKELEY (J.). Sur la fructification des genres *Lycoperdon, Phallus* et de quelques autres genres voisins. (*Ann. sc. nat.*, 2e série, 1839, *Bot.*, t. XII, p. 160; et 1840, t. XIV, p. 127.)

BRONGNIART (Ad.). Observations sur le développement du charbon dans les Graminées et sur les modifications qu'il détermine dans les parties de ces plantes qu'il attaque. (*Ann. sc. nat.*, 1re série, 1830, t. XX, p. 171.)

— — Rapport sur un mémoire de MM. L.-R. et Ch. Tulasne, intitulé : Histoire des Champignons hypogés, suivi de leur monographie. (*Ann. sc. nat.*, 3e série. 1851, *Bot.*, t. XV, p. 267.)

CANDOLLE (A. DE). Note sur l'*Agaricus tubæformis* de Schœffer. (*Ann. sc. nat.*, 1re série, 1824, t. I, p. 347.)

CASSINI (DE) et MIRBEL. Rapport sur un mémoire de M. Turpin ayant pour objet l'organisation et la reproduction de la truffe comestible. (*Ann. sc. nat*, 1re série, 1827, t. XII, p. 209.)

DEBAT (L.). Notice sur le développement du *Psilonia buxi* et du *Chætostroma buxi*. (*Ann. sc. nat.*, 4e série, 1858, *Bot.*, t. IX, p. 84.)

DESMAZIÈRES (J.-B.-H.-J.). Note sur la *Sclerotium stercorarium*. (*Ann. sc. nat.*, 1re série, 1827, t. X, p. 145.)

DESMAZIÈRES. (J.-B.-H.-J.) Sur le *Lycoperdon radiatum* de Sowerby, et l'*Agaricus radians*, espèce nouvelle. (*Ann. sc. nat.*, 1re série, 1828, t. XIII, p. 206.)

— — Observations microscopiques sur le *blanc du rosier, Oidium leuconium* Desmaz. (*Ann. sc. nat.*, 1re série, 1829, t. XVII, p. 98.)

— — Observations sur le *Xiloma multivalve*, D.C. (*Ann. sc. nat.*, 3e série, 1848, *Bot.*, t. IX, p. 330.)

DURIEU DE MAISONNEUVE. Notice sur le *Pilobolus Crystallinus*. (*Ann. sc. nat.*, 1re série, 1826, t. IX, p. 221.)

DUTROCHET (H.). Observations sur les Champignons. (Dans ses mémoires, t. II, p. 173; et dans *Nouv. Ann. du Mus. hist. nat.*, 1834, t. III, p. 59.)

— — Observations sur l'origine des moisissures. (Dans ses mémoires, t. II, p. 190.)

FRIES (Elias). Calendrier des Champignons sous la latitude moyenne de la Suède. (*Ann. sc. nat.*, 4e série, 1859, *Bot.*, t. XII, p. 298.)

HOFFMANN (H.) Die pollinarien....... (Les pollinies et les spermaties des Agarics). (*Bot. Zeitung* des 29 fév. et 7 mars 1856.)

— — Ueber Pilzkeimungen (Sur des germinations de Champignons). (*Bot. Zeitung*, 1859, nos 24 et 25.)

LESPIAULT (M.). Note sur le *Tuber album* de Bulliard. (*Ann sc. nat.*, 3e série, 1844, *Bot.*, t. II, p. 316.)

— — Note sur la fructification des genres *Clathrus* et *Phallus*. (*Ann. sc. nat.*, 3e série, 1845, *Bot.*, t. IV, p. 44.)

LÉVEILLÉ (J.-H.) Recherches sur l'hymenium des Champignons. (*Ann. sc. nat.*, 2e série, 1837, *Bot.*, t. VIII, p. 321.)

LÉVEILLÉ (J.-H.). Recherches sur le développement des Urédinées. (*Ann. sc. nat.*, 2e série, 1839, *Bot.*, t. XI, p. 5.)

——— Mémoire sur le genre *Sclerotium*. (*Ann. sc. nat.*, 2e série, 1843, *Bot.*, t. XX, p. 218.)

——— Fragments mycologiques. (*Ann. sc. nat.*, 3e série, 1848, *Bot.*, t. IX, p. 119.)

——— Organisation et disposition méthodique des espèces qui composent le genre *Erysiphe*. (*Ann. sc. nat.*, 3e série, 1851, *Bot.*, t. XV, p. 109.)

NAEGELI (Ch.). Sur les Champignons vivant dans l'intérieur des cellules végétales. (*Ann. sc. nat.*, 2e série, 1843, *Bot.*, t. XIX, p. 86.)

SEYNES (J. DE). Essai d'une flore mycologique de la région de Montpellier et du Gard. — Observations sur les Agaricinés, suivies d'une énumération méthodique. Paris, 1863.

THURET (G.). Recherches sur les zoospores des Algues et les anthéridies des Cryptogames; 2e partie. (*Ann. sc. nat.*, 3e série, 1851, *Bot.*, t. XVI, p. 5.)

TULASNE (L.-R.). Note sur l'appareil reproducteur dans les Lichens et les Champignons. (*Ann. sc. nat.*, 3e série, 1851, *Bot.*, t. XV, p. 370.)

——— Observations sur l'organisation des Trémellinées. (*Ann. sc. nat.*, 3e série, 1853, *Bot.*, t. XIX, p. 193.)

——— Mémoire sur l'ergot des Glumacées. (*Ann. sc. nat.*, 3e série, 1853, *Bot.*, t. XX, p. 5.)

——— Nouvelles recherche sur l'appareil reproducteur des Champignons. (*Ann. sc. nat.*, 3e série, 1853, *Bot.*, t. XX, p. 129.)

——— Second Mémoire sur les Urédinées et les Ustilaginées. (*Ann. sc. nat.*, 4e série, 1854, *Bot.*, t. II, p. 77.)

TULASNE (L.-R.). Note sur l'appareil reproducteur des Hypoxidées (D.C.), ou Pyrénomycètes (Fr.). (*Ann. sc. nat.*, 4ᵉ série, 1856, *Bot.*, t. V, p. 107.)

— — Nouvelles observations sur les *Erysiphe*. (*Ann. sc. nat.*, 4ᵉ série, 1856, *Bot.*, t. VI, p. 299.)

— — Note sur les *Isaria* et *Sphæria* entomogènes. (*Ann. sc. nat.*, 4ᵉ série, 1857, *Bot.*, t. VIII, p. 35.)

TULASNE (L.-R. et C.). Observations sur le genre *Elaphomyces*, et description de quelques espèces nouvelles. (*Ann. sc. nat.*, 2ᵉ série, 1841, *Bot.*, t. XVI, p. 5.)

— — De la fructification des *Scleroderma* comparée à celle des *Lycoperdon* et des *Bovista*. (*Ann. sc. nat.*, 2ᵉ série, 1842, *Bot.*, t. XVII, p. 5.)

— — Sur les genres *Polysaccum* et *Geaster*. (*Ann. sc. nat.*, 2ᵉ série, 1842, *Bot.*, t. XVIII, p. 129.)

— — Recherches sur l'organisation et le mode de fructification des Champignons de la tribu des *Nidulariées*, suivies d'un essai monographique. (*Ann. sc. nat.*, 3ᵉ série, 1844, *Bot.*, t. I, p. 41.)

— — Sur l'organisation et le mode de fructification des *Ony-gena*. (*Ann. sc. nat.*, 3ᵉ série, 1844, *Bot.*, t. I, p. 367.)

— — De gen. *Chroiromycete* et *Picoa* e Tuberacearum familia. (*Ann. sc. nat.*, 3ᵉ série, 1845, *Bot.*, t. III, p. 348.)

— — Mémoire sur les Ustilaginées comparées aux Urédinées. (*Ann. sc. nat.* 3ᵉ série, 1847, *Bot.*, t. VII, p. 12.)

— — Fungi hippogei. (In-8°. *Paris*, 1851.)

— — De quelques sphæries fongicoles à propos d'un mémoire de M. Ant. de Bary sur les *Nyctalis*, in Botan. Zeitung, 1859. (*Ann. sc. nat.*, 4ᵉ série, 1860, *Bot.*, t. XIII, p. 5.)

HÉPATIQUES.

BISCHOFF (T.-G.). De Hepaticis imprimis tribuum Marchantiearum et Ricciearum commentatio. Heidelberg, 1835.

——— Remarques sur l'organogénie des Hépatiques. (*Ann. sc. nat.*, 3ᵉ série, 1853, *Bot.*, t. XX, p. 57.)

BORY DE SAINT-VINCENT et C. MONTAGNE. Sur un nouveau genre de la famille des Hépatiques (*Duriœa*). (*Ann. sc. nat.*, 2ᵉ série, 1844, *Bot.*, t. I, p. 223.)

GROENLAND (J.). Mémoire sur la germination de quelques Hépatiques. (*Ann. sc. nat.*, 4ᵉ série, 1854, *Bot.*, t. I, p. 5.)

HUBENER (J.-D.-P.). Hepaticologia germanica, oder.... (Description des Hépatiques d'Allemagne). In-8°, Manheim, 1834.

HUGO MOHL. Sur le développement des spores de l'*anthoceros lœvis*. (*Ann. sc. nat.*, 2ᵉ série, 1840, *Bot.*, t. XIII, p. 208.)

LINDENBERG (J.-B.-G.). (Species hepaticarum recensuit, partim descripsit iconibusque illustravit.) Bonnæ, in-4°.

MEYEN. Lettre sur les animaux spermatiques des végétaux d'organisation inférieure. (*Ann. sc. nat.*, 2ᵉ série, 1838, *Bot.*, t. X, p. 319.)

MIRBEL (DE). Recherches anatomiques et physiologiques sur le *marchantia polymorpha*, pour servir à l'histoire du tissu cellulaire, de l'épiderme et des stomates. (*Nouv. ann. Mus.*, 1832, t. I, p. 93.)

MONTAGNE (C.). Des organes mâles du genre *Targionia* découverts sur une espèce nouvelle du Chili. (*Ann. sc. nat.*, 2ᵉ série, 1838, *Bot.*, t. IX, p. 100.)

NEES D'ESENBECK (C.-G.). Matériaux pour servir à l'histoire naturelle des Hépatiques d'Allemagne. (*Flora*, 1833, n°s 25 et 26.)

RADDI (Giuseppe). (Jungermanniografia etrusca del signor). Bonna, 1841.

THURET (G.). Recherches sur les zoospores des Algues et les Anthéridies des Cryptogames ; 2e partie. (*Ann. sc. nat.*, 3e série, 1851, *Bot.*, t. XVI, p. 5.)

MOUSSES.

BRUCH (Ph.), SCHIMPER (W.-Ph.) et GUMBEL (Th.). Bryologia europœa, seu genera Muscorum europœarum monographice illustrata.

DOZY (F.) et MOLKENBOER (J.-H.). Musci frondosi ex archipelago indico et Japonica conjunctis studiis scripserunt. (*Ann. sc. nat.*, 3e série, 1844, *Bot.*, t. II, p. 297.)

HOFMEISTER (Wilh.). Note sur la fécondation des Fougères. (*Ann. sc. nat.*, 4e série, 1854, *Bot.*, t. I, p. 471.)

MEYEN. Lettre sur les animaux spermatiques des végétaux d'organisation inférieure. (*Ann. sc. nat.*, 2e série, 1838, *Bot.*, t. X, p. 319.)

NEES D'ESENBECK (C.-G.). (*Spiridens*, nouveau genre de Mousses découvert par M. G.-C. Reinwardt, et décrit par M.). (*Ann. sc. nat.*, 1re série, 1824, t. I, p. 335.)

SCHIMPER. Synopsis Muscorum europœarum præmissa introductione de elementis bryologicis tractante. Stuttgart, 1860.

THURET (G.) Recherches sur les zoospores des Algues et les anthéridies des Cryptogames; 2e partie. (*Ann. sc. nat.*, 3e série, 1851, t. XVI, p. 5.)

VAUCHER. Mémoire sur la fructification des Prêles. (*Mém. Mus. hist. nat.*, 1823, t. X, p. 429.)

LYCOPODIACÉES.

BARY (A. DE). Ueber die Keimung der Lycopodien (sur la germination des Lycopodes). (*Berichte d. naturl. Gesellsch. zu Freiburg*, Bd. I, n° 28, mars 1858.)

BORY DE SAINT-VINCENT. Note sur l'*Isoëtes* du Midi de la France, et sur le *Marsilea Fabri*. (*Ann. sc. nat.*, 2ᵉ série, 1838. *Bot.*, t. X, p. 378.)

HOFMEISTER (Wilh.). Histoire du développement des organes reproducteurs dans les Lycopodiacées. (*Ann. sc. nat.*, 3ᵉ série, 1852, t. XVIII, p. 172.)

SPRING (A.-Fr.). Matériaux pour servir à la connaissance des Lycopodiacées. (*Ann. sc. nat*, 2ᵉ série, 1839, *Bot.*, t. XI, p. 218.)

THURET (G.). Recherches sur les zoospores des Algues et les anthéridies des Cryptogames; 2ᵉ partie. (*Ann. sc. nat.*, 3ᵉ série, 1851, *Bot.*, t. XVI, p. 5.)

RHIZOCARPÉES.

BORY DE SAINT-VINCENT. Note sur l'*Isoëtes* du Midi de la France et sur le *Marsilea Fabri*. (*Ann. sc. nat.*, 2ᵉ série, 1838, *Bot.*, t. X, p. 378.)

BRAUN (Al.). Observations sur les *Marsilea*. (*Ann. sc. nat.*, 2ᵉ série, 1839, *Bot.*, t. XII, p. 255.)

FABRE (Esprit) et DUNAL. Observations d'Esprit Fabre sur la structure, le développement et les organes reproducteurs d'une espèce de *Marsilea* trouvée dans les environs d'Agde. (*Ann. sc. nat.*, 2ᵉ série, 1837, *Bot.*, t. VII, p. 221.)

—— Germination du *Marsilea Fabri*. (*Ann. sc. nat.*, 2ᵉ série, 1838, *Bot.*, t. IX, p. 115.)

JUSSIEU (B. ᴅᴇ). Histoire d'une plante connue des botanistes sous le nom de *Pilularia*. (*Hist. de l'Acad. roy. des sc.*, 1739, p. 240.)

METTENIUS (G.). Observations sur les *Azolla*. (*Ann. sc. nat.*, 3ᵉ série, 1848, *Bot.*, t. IX, p. 111.)

NAEGELI (Ch.). Sur la propagation des Rhizocarpées. (*Ann. sc. nat.*, 3ᵉ série, 1848, *Bot.*, t. IX, p. 99.)

THURET (G.). Recherches sur les zoospores des Algues et les anthéridies des Cryptogames; 2ᵉ partie. (*Ann. sc. nat.*, 3ᵉ série, 1851, *Bot.*, t. XVI, p. 5.)

GÉNÉRALITÉS.

ENDLICHER (Éᴛ.). Grundzuge einer....... (Éléments d'une théorie nouvelle sur la génération des plantes). Vienne, 1838, in-8°.

GAILLON (B.). Aperçus d'histoire naturelle, ou observations sur les limites qui séparent le règne végétal du règne animal. In-8°. Boulogne-sur-Mer, 1833.

HEDWIG. Theoria generationis et fructificationis plantarum Cryptogamarum. 2ᵉ édit., 1798.

HOFFMANN (H.). Études mycologiques sur la fermentation. (*Ann. sc. nat.*, 4ᵉ série, 1860. *Bot.*, t. XIII, p. 19.)

HUGO ᴅᴇ MOHL. De l'utricule primordiale. (*Ann. sc. nat.*, 4ᵉ série, 1857, *Bot.*, t. VII, p. 253.)

KARSTEN. De la vie sexuelle des plantes et de la parthénogénèse. (*Ann. sc. nat.*, 4ᵉ série, 1860, *Bot.*, t. XIII, p. 252.)

KUETZING (Fʀ-Tʀ.) Recherches sur la formation et la métamorphose des organismes végétaux inférieurs. (*Ann. sc. nat.*, 2ᵉ série, 1834, *Bot.*, t. II, p. 129.)

OGILVIE (G.). On the genetic....... (Des phases de la reproduction chez les êtres organisés). In-8°, Londres, 1857.

PAYER (J.). Botanique cryptogamique ou histoire des familles naturelles des plantes inférieures. Paris, 1850.

RADLKOFER (L.). Ueber das Verhaeltniss...... (Sur les rapports de la parthénogénèse avec les autres sortes de reproduction. Broch. in-8°, Leipzig, 1858.)

SIEBOLD. Observations sur les plantes unicellulaires. (*Ann. sc. nat.*, 3ᵉ série, 1849, *Bot.*, t. XII, p. 138.)

TURPIN (P.-J.-F.). Organographie végétale. Observations sur l'origine commune et la formation de tous les corps propagateur végétaux, et particulièrement sur un nouveau mode de ces corps propagateurs. (*Mém. Mus. Hist. nat.*, 1828, t. XVI, p. 157.)

EXPLICATION DES PLANCHES.

PLANCHE I.

Développement des organes sexuels et germination dans le *Sphæroplea annulina*, Algues (d'après les travaux de M. Cohn ; voy. *Ann. sc. nat.*, 4ᵉ série, t. V).

Fig. 1. — Cellules qui se développent en sporanges et renfermeront les spores. — A, la matière verte, s'est rassemblée avec les grains de Chlorophylle en amas situés suivant l'axe du végétal. — B, la substance, s'est partagée en masses inégales, ovoïdes ; la paroi présente des perforations.

Fig. 2. — Les spores primordiales se sont constituées ; les anthérozoïdes pénètrent dans la cellule par les perforations pariétales, et vont féconder les spores.

Fig. 3. — Cellules qui se développent en anthéridies et renfermeront les anthérozoïdes. — A, les corpuscules fécondants non encore développés. — B, les anthérozoïdes parvenus à l'état parfait sortent de l'anthéridie par les perforations pariétales.

Fig. 4. — Spore primordiale sur la portion transparente de laquelle un anthérozoïde s'est fixé par le rostre, puis s'est appliqué par le côté, comme le montre la figure.

Fig. 5. — Spore fécondée ; une membrane s'est formée autour d'elle ; l'anthérozoïde s'est fondu dans sa masse, à l'exception du corpuscule rouge qu'il contenait, lequel est encore visible à la partie supérieure.

Fig. 6. — Spore entourée de la seconde et de la troisième membrane, la première s'étant détruite par suite des progrès du développement. La seconde membrane, ornée de saillies, n'a pas été représentée dans les trois figures suivantes pour plus de simplicité.

Fig. 7, 8 et 9. Fractionnement du contenu de la spore en 2, 4, etc. parties qui donneront chacune naissance à une zoospore.

Fig. 10. — Zoospore complétement développée.

Fig. 11. — Premier rudiment de la plante mère résultant de la germination de la zoospore.

PLANCHE II.

Reproduction chez les Fougères, d'après les travaux de MM. Suminski, Wigand, Thuret. (Voy. *Ann. sc. nat.*, 3ᵉ série, t. XI.)

Fɪɢ. 1. — Fougère, plante mère. On voit en *a* la face inférieure d'une des frondes sur laquelle se trouvent les amas (*sores*) formés par la réunion des corpuscules de la reproduction asexuelle (*spreso* des auteurs).

Fɪɢ. 2. — Pro-embryon sortant d'un des corpuscules des frondes (*spore* des auteurs. *a*, corps reproducteur; *b*. thalle ou pro-embryon.

Fɪɢ. 3. — Portion du pro-embryon portant les organes de la reproduction sexuelle, vue par la face inférieure. — *a*, radicelles du pro-embryon; — *b*, organes mâles, *anthéridies*; les uns contiennent encore les corps fécondants, les autres sont déjà vidés et ouverts; — *c*, organes femelles, *archégones*, correspondant ux sporanges des Algues.

Fɪɢ. 4. — Anthéridie; on voit qu'elle se compose de deux cellules : l'une basilaire, peu développée; l'autre contenant les cellules mères des anthérozoïdes. L'organe est représenté au moment de la déhiscence.

Fɪɢ. 5. — Anthérozoïdes; l'un d'eux, *a*, encore contenu dans sa cellule mère; — d'autres, *b,b,b*, tels qu'on les voit s'agitant dans le liquide; — *c*, l'un d'eux, mort.

Fɪɢ. 6. — Archégone (correspondant au sporange des Algues); dans sa cavité se voit la spore proprement dite; le canal, formé de seize cellules, qui conduit cette cavité, est fermé, comme cela a lieu peu de temps après l'entrée de l'anthérozoïde.

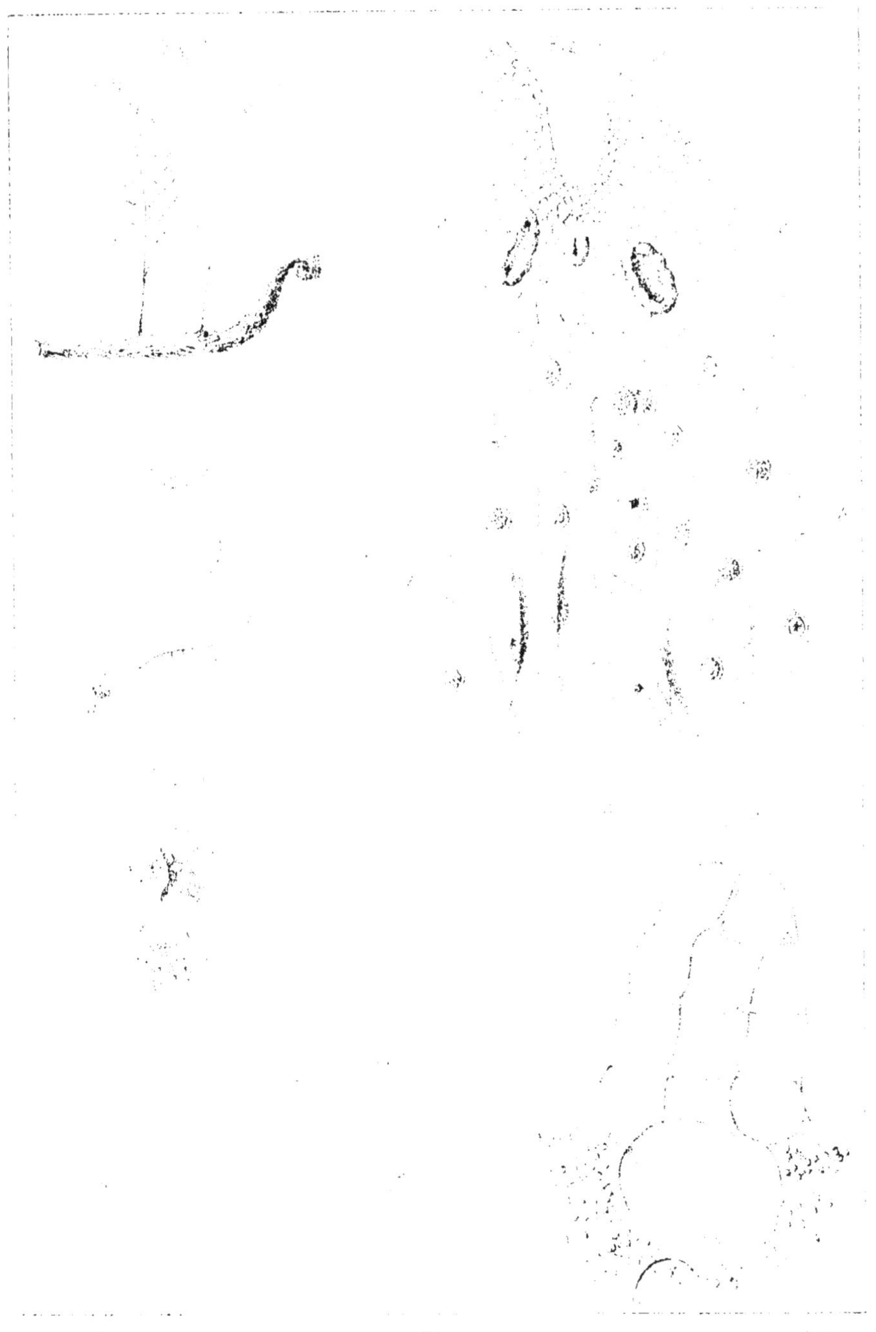

TABLE DES MATIÈRES

FIN DE LA TABLE.

www.ingramcontent.com/pod-product-compliance
Ingram Content Group UK Ltd.
Pitfield, Milton Keynes, MK11 3LW, UK
UKHW0216231170726
13836UKWH00005B/2004